图解

家装电工
操作技能

TUJIE
JIAZHUANG DIANGONG
CAOZUO JINENG

辛长平　编著

中国电力出版社
CHINA ELECTRIC POWER PRESS

内 容 提 要

本书全面介绍了家装电工需要掌握的知识与操作技能,以图解的形式介绍了家装电工依据技术标准、电工常用工具与测量仪表、电工必备技能、布线操作技能、住宅配电电器与电子式电能表、住宅配电线路与电器安装、住宅布线工艺和智能家居弱电综合布线系统等。

本书适合家装电工技术人员学习使用,也适合作为职业院校或社会就业培训机构的教材。

图书在版编目(CIP)数据

图解家装电工操作技能/辛长平编著. —北京:中国电力出版社,2015.6

ISBN 978 - 7 - 5123 - 7463 - 8

Ⅰ. ①图… Ⅱ. ①辛… Ⅲ. ①住宅-室内装修-电工-图解 Ⅳ. ①TU85 - 64

中国版本图书馆 CIP 数据核字(2015)第 063780 号

中国电力出版社出版、发行

(北京市东城区北京站西街 19 号 100005 http://www.cepp.sgcc.com.cn)

汇鑫印务有限公司印刷

各地新华书店经售

*

2015 年 6 月第一版 2015 年 6 月北京第一次印刷

787 毫米×1092 毫米 16 开本 14.5 印张 315 千字

印数 0001—3000 册 定价 **35.00 元**

前　言

随着人们生活水平的提高和对物质时尚舒适生活的需求，对居住环境的智能化、人性化、社会化的需求带动了家庭装修市场的蓬勃发展。家装电工作为一个新兴的工种，也迅速地融入家装大军的行列中，成为电工行业中一个不可缺少的重要岗位。家装电工成为一种从事电工技能操作的复合型职业。由于这些人员基本都工作在现场的操作施工中，他们的技术水平、职业素质，就直接影响到人们的日常生活质量和家庭的用电安全。因此，提高家装电工的实际操作技能和实际工作经验，就成为一个实质性的问题。为此，编者结合大量的文献资料和多年的实际工作经验，编写了本书。

本书结合国内家装电工技术的发展和最新施工技术，以从事家装电气施工人员为读者对象，系统地介绍了家装电工的基础知识及施工中的操作技能。

本书编写特点如下：

(1) 零起点，适合专业电工的初学者。

(2) 从学有所用出发，突出实际操作技能的掌握和运用。

(3) 内容规范，依据最新《维修电工国家职业技能标准》（初级、中级）编写。

(4) 图文并茂，采用标准插图以辅助学习和理解，易于阅读和掌握。

(5) 是初、中级专业电工必备之读物，也是专业技校教学参考书。

本书由辛长平主编，马恩惠、辛星、徐伯田参加了资料收集与整理，葛剑青完成了插图的整理和校对，单茜完成了全稿的录入；同时，本书也参考了本类题材大量的优秀文献，使其内容更加丰富，知识范围更加全面，在此我们衷心地表示感谢。

限于编者水平和编写时间，本书难免会出现一些错误和不足，诚望各位读者及朋友提出宝贵的意见。

编者
2015 年 3 月于崂山

目 录

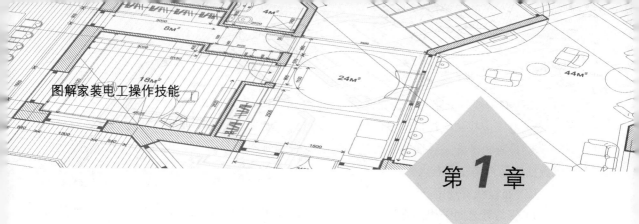

第**1**章

家装电工依据技术标准

 本章要点

《家装电工施工规范》是家装电工为确保施工用电及装修后用电的安全美观，便于维修，必须遵守的施工规范。家装电气施工图是家装电工施工的依据和标准，必须要会看图、看懂图，才能在施工规范的要求下，圆满完成家装电气施工图给出的所有项目。

 1.1 住宅供电系统依据标准和用电量标准

1.1.1 家装电工安装施工依据标准

❶ 住宅建筑电气设计规范

中华人民共和国行业标准《住宅建筑电气设计规范》（JGJ 242—2011），自 2012 年 8 月 1 日起实施。

❷ 施工标准依据

（1）GB 50150—2006《电气装置安装工程　电气设备交接试验标准》。

（2）GB 50168—2006《电气装置安装工程电缆线路施工及验收规范》。

（3）GB 50169—2006《电气装置安装工程接地装置施工及验收规范》。

（4）GB 50254—1996《电气装置安装工程　低压电器施工及验收规范》。

❸ 施工操作指导规范

为确保在家装电工施工用电及装修后的用电安全。施工电工必须持证上岗，并遵守下列操作规范。

（1）电装施工前准备：

1）电工应观察原电路是否有漏电保护装置，电源分几个回路供电，分别是什么回

1

路，是否有地线，电路总负荷是多少（见计算电路总负荷）。

2）电工应找到电视机、电话机、网线的入户接线盒，且检查电线有几个回路。

3）检查每个开关、插座是否通电，电线的载荷能力是多大，电线的布置是否分色，电源插座是否是左零右火。

（2）布设线管规定：

1）管与管之间采用套管连接，套管与管间用 PVC 胶黏结，以防松动，管与管的对口应位于套管中心。

2）管与护口连接时，插入深度为 20～30mm。

3）PVC 管在砌墙体上开槽敷设时，PVC 管距离墙面深度应不小于 1.2cm。如发现敷设水泥后埋管高于墙面的，应立即返工。

4）墙面线路改造时，当直线段长度超过 15m 或折弯数量超 4 个时必须增设底盒。

5）暗管在墙体内交叉，用曲弯弹簧做出长 20cm 的过桥弯或通过接线盒调管（安装光板以便维修）

规范提示：暗管在墙体内严禁斜、曲敷设。

6）弯管要用专用的曲弯弹簧，禁止使用成品弯头。

7）在布线套管时，同一沟槽如超过 2 根线管，管与管之间必须留大于或等于 1.5cm 的缝线，以防填充水泥或石膏时产生空鼓。

8）导线在管内严禁接头，接头应在检修底盒或箱内，以便检修。

9）管内导线的总横截面积应小于线管截面积的 40%。

规范提示：禁止在单根 PVC 管中同时穿超过 3 根的导线。

10）强、弱电线路不能在卫生间、厨房地面铺设，需走墙面和顶棚。所有入墙电线采用阻燃 PVC 套管埋设。

规范提示：预制结构埋不了 PVC 线管的可采用蜡管套线后埋设。

11）电线开槽时要弹墨线，走向必须要横平竖直，不可斜走，便于管内电线更换。套管固定间距 ≤50cm，线管表面要低于墙面 1.2cm 以上。

12）套管内电线不能有接头，埋设的 PVC 电线转弯处用曲弯器折弯。

13）线路检验合格后浇湿墙面，并用水泥砂浆封闭，封闭表面要平整，且低于墙面 2mm。

（3）室内配线基本要求：

1）所使用导线的额定电流应大于线路的工作电流。

2）导线必须分色，插座线色为：红色为相线，蓝色为零线，双色线为地线。开关线色为：红色为火线，黄色为控制线。

规范提示：空调电源线必须采用 4.0mm² 的铜芯线敷设，不符合标准的必须立即返工。

3）导线在开关盒、插座盒（箱）内留线长度不应小于 15cm。

规范提示：禁止把多余的留线未卷成圈放在底盒内。

4）如遇大功率用电器，分线盒内主线达不到负荷要求时，需走专线。另外，线径的大小和空气开关额定电流的大小也要同时考虑。

5）接线盒（箱）内导线接头必须用防水绝缘胶带牢固包缠。

6）弱电（如电话机、电视机、网线）导线与强电导线严禁共槽共管，强、弱电线槽间距≥10cm，在连接处电视机必须在接线盒中用电视分配器连接（7个以上分支需加放大器）。

（4）家庭电路设计总负荷的计算：

1）家庭电路设计在 2000 年前的要求一般是进户线 4～6mm²、照明 1.5mm²、插座 2.5mm²、空调 4mm² 专线。2000 年后的电路设计一般是进户线 6～10mm²、照明支路 2.5mm²、10A 插座 2.5mm²、空调 6mm² 专线。

规范提示：在实际应用中很多住宅的进户线 6～10mm²、照明 2.5mm²、插座 2.5mm²、空调 4mm² 专用线。

2）常用电线和家用电器主要负荷参数如下。

① 铜电源线安全负荷标准参数：

2.5mm² 铜电源线的安全载流量为 28A。

4mm² 铜电源线的安全载流量为 35A。

6mm² 铜电源线的安全载流量为 48A。

10mm² 铜电源线的安全载流量为 65A。

16mm² 铜电源线的安全载流量为 91A。

25mm² 铜电源线的安全载流量为 120A。

② 铜芯线截面积允许长期额定电流值：

2.5mm²，直径 1.78mm、16～25A。

4mm²，直径 2.2mm、25～32A。

6mm²，直径 2.78mm、32～40A。

③ 空调标准功率参数换算：

空调 1P＝724W；

空调 1.5P＝1086W；

空调 2P＝1448W；

空调 3P＝2172W。

可记忆为：1P 空调 800W，用匹数×800W 即可算出功率。

因为空调在开启的瞬间最大峰值可以达到额定功率的 2～3 倍，依最大值 3 倍计算：

① 1P 空调的开机瞬间功率峰值是 724W×3＝2172W。

② 1.5P 空调的开机瞬间功率峰值是 1086W×3＝3258W。

③ 2P 空调的开机瞬间功率峰值是 1448W×3＝4344W。

可记忆为：1P800W，用匹数×800W×3 即可算出功率。

④ 其他主要家用电器额定消耗功率：

微波炉：600～500W；

电饭煲：500～1700W；

电磁炉：300～1800W；

电炒锅：800～2000W；

电热水器：800～2000W；

电冰箱：70～250W；

电暖器：800～2500W；

电烤箱：800～2000W；

消毒柜：600～800W；

电熨斗：500～2000W。

经验提示：计算电路负荷是用本路所有常用电器的最大功率之和÷220V＝总电流（A），再根据允许长期电流计算电线平方数。

3）为确保用电的安全协调保护，保护器分别采用 YSN－32 型以上双极断路器和 TSML－32 型以上漏电保护断电器（此规定品牌可任选），并与用电分支的负荷相匹配。

4）配电箱内导线保留长度不少于配电线的半周长。

5）配电箱底边距地面距离不少于 1.5m，照明配电箱（板）上应注明用电回路名称。

6）配电箱内导线应绝缘良好，排列整齐，固定牢固，严禁漏出铜线。

7）配电箱的进线口和出线口宜设在配电箱上面和下面，接口牢固。

8）用户的电能表选用一户一表制，如原用户电能表承载不能满足要求，必须提请用户向电业局申请更换新表。为保证用户用电安全，单相电能表必须用双极断路开关（2P 开关），为用户加接接地保护，采用单相三线（相、零、地）制。

（5）开关插座安装的规定：

1）进门开关盒底边距地面 1.2～1.4m，侧边距门套线必须大于 7cm。并列安装的相同型号开关要求间距一致，且间距≥0.5cm。

2）灯具开关必须串接在相线（火线）上。

规范提示：禁止在零线上串接开关。

3）插座应依据使用功能定位，尽量避免牵线过长，插座数量宁多勿少，地脚插底边距地面≥30cm，凡插座底边距地面低于 1.8m 时必须用带安全门的插座。

4）凡开关、插座应采用专用底盒，四周不应有空缝，盖板必须端正牢固。

规范提示：禁止使用小于 2.5mm^2 的非铜性线体插座。

5）面板垂直度允许偏差≤1mm。

6）凡插座必须是面对面板方向左接零线、右接相线、三孔插上端地线，并且盒内不允许有裸露铜线超过 1mm。

规范提示：必须按左接零线、右接相线、三孔插上端地线的接线规程操作。

7）开关、插座要避开造型墙面，非要不可的除非设计特别要求，应尽量安装在不显眼的地方。

8）开关安装应方便使用，同一室内开关必须安装在同一水平线上，并按最常用、很少用的顺序布置。

9）开关、插座应尽量安装在瓷砖正中。

提示：禁止把开关、插座安装在瓷砖腰线、花片的位置。

10）线盒与线管连接必须使用护口。

（6）照明线路的规定：

1）室内线路每一单相分支回路的电流，都需按照最大功率计算每支回路电流，需增加回路的要通知监理，由监理通知客户。

2）凡是螺纹灯头必须是中心触点接相线，零线接在螺纹端子上。

（7）灯具的安装规定：

1）采用钢管作灯具吊杆时，钢管内径不应小于 1cm，管壁厚度不应小于 1.5mm。

2）吊链式灯具的灯线不应受拉力，灯线必须超过吊链 2cm 的长度，灯线与吊链编插在一起。

规范提示：灯线的长度不能少于吊链长度 2cm。

3）同一室内或场所成排安装明置的灯具时，应先定位再安装，其中心偏差 ≤0.5cm。

4）灯具组装必须合理牢固，导线接头必须牢固平整，当灯具质量大于 2kg 时，应采用膨胀螺栓固定。

5）镜前灯一般要安装在距地面 1.8m 左右，但必须与业主沟通后确定，旁边应预留插座。如发现没有与业主沟通而擅自安装的，出现问题立即返工。

嵌入式装饰灯具的安装标准提示：

① 软线在顶棚底盒内应长出吊顶底面 15cm，以便维修。

② 灯具的边框应紧贴在顶棚面上且完全遮盖灯孔，安装灯后不能有漏光现象。

6）矩形灯具的边框应与顶棚的装饰直线平行，其偏差 ≤3mm。

7）对于荧光灯管组合的开启式灯具，灯管排列应整齐，其金属或塑料的间隔片不应有扭曲等现象缺陷。

8）电路改造的开关和插座，电工、监理与业主要仔细确定用电设备开关插座位置，并用粉笔在墙上记录。

（8）强电线、电话线、电视线、网线安装后，必须用万用表或专用摇表进行通线试验，以保证畅通。电话线、电视线、网线需用医用胶布编号。

（9）安装公司安排专人进行电工施工的初步验收：

1）每个电工工程（包括弱电部分）施工完工后，必须由公司监理进行全面测试，签字后方可进行水泥敷设（特别是有线电话的测试工程）。

2）开关插座需移位的，原有的底盒必须保留。

操作提示：如开关处要摆放衣柜，开关必须移位的，原有的底盒必须用平盖板封闭起来。

1.1.2 住宅供电标准与用电量

1 供电入户线的直径与供电负荷的关系

供电电网提供入户线的直径按照用户的用电负荷选择。一般采用铜导线，住宅单相进户线截面积不应小于 10mm^2，三相进户线截面积不应小于 6mm^2。

② 供电分户配电箱及入户空气开关的选择

(1) 两室以及小户型住宅为 40A。

(2) 三室以及以上住宅为 60A。

(3) 别墅负荷在 12kW 以下使用单相配电，在 12kW 以上使用三相配电。

③ 住宅用电量

(1) 一般家庭用电分配见表 1-1。

表 1-1   一 般 家 庭 用 电 分 配

家用电器	数量（台）	规格	功率（W）
空调（大厅）	1	2P（冷暖机）	1500～1800
空调（主卧室）	1	1.25P	1000
电热水器	1	60～80℃	1200～1500
洗衣机	1		200～300
电饭煲	1		800
微波炉	1		1200
电磁炉	1		1000
电冰箱	1		100
液晶电视机	2	37～60 英寸（in）	120～200
电脑	2		300
照明	10	主要为节能灯	300
合计			≈8000

(2) 普通住宅设计用电量见表 1-2。

表 1-2   普 通 住 宅 设 计 用 电 量

住宅类型	用户设计单位容量（kW）	住宅类型	用户设计单位容量（kW）
高层住宅	6	连体别墅 1～2 户	10～12
多层住宅	6～8	连排叠加 4～8 户	10
单体别墅	16～30		

 1.2 家装电气施工图组成及特点

1.2.1 家装电气施工图组成

家装电气施工图采用统一的图形符号并加注文字符号绘制而成。在进行电气施工图识读时应识读相应的土建工程图及其他安装工程图，以了解相互间的配合关系。家装电气施工图对于设备的安装方法、质量要求以及使用维修方面的技术要求等往往不能完全反映出来，所以在识读图样时有关安装方法、技术要求等问题，要参照相关图集和规范。

> **家装电气施工图包括：** 家装电气施工图是建筑电气工程的子系统，具体到家装电气施工图，按其表现内容不同可分为配电系统图、电气平面图等。在配电系统图中标注出计量设备、开关、导线型号、根数及敷设方法等。电气平面图中反映出灯具的型号、功率、数量、平面位置、高度布置、安装方式以及设计照度，另外还有配电箱编号、安装方式、数目以及室内布线的导线型号、截面、根数、敷设方式和平面布置等。

❶ 图样目录与设计说明及图例

（1）目录表明电气施工图的编制顺序及每张图的图名，便于查询检索图样，由序号、图样名称、编号、张数等构成。前言中包括设计说明、图例、设备材料明细表、工程经费概算等。

（2）设计说明中主要说明电源来路、线路材料及敷设方法、材料及设备规格、数量、技术参数、供货厂家、施工中的有关技术要求等。设计说明是对图中未能清楚表明的工程特点、安装方法、工艺要求、特殊设备的安装使用，如供电电源的来源、供电方式、电压等级、线路敷设方式、防雷接地、设备安装高度及安装方式、工程主要技术数据以及有关的施工注意事项等的补充。

（3）图例即图形符号，一般只列出本套图样涉及的一些特殊图例，主要用于说明图上符号所对应的元件名称和有关数据，应与图样联系起来识读。

❷ 主要材料设备表

设备材料明细表列出该项电气工程所需的主要电气设备和材料的名称、型号、规格和数量，它是编制购置设备、材料计划的重要依据之一。设备、元件和材料明细表是把电气工程所需主要设备、元件、材料和有关的数据列成表格，表示其名称、符号、型号、规格、数量。

❸ 照明配电系统图

照明配电系统图是用图形符号、文字符号绘制的，用以表示照明配电系统供电方式、配电回路分布及相互联系的电气施工图，能集中反映家庭用电设备的安装容量、计算容量、计算电流、配电方式和导线或电缆的型号、规格、数量、敷设方式及穿管管径、开关及熔断器的规格型号等。通过照明配电系统图，可以了解建筑物内部照明配电系统的全貌。照明配电系统图也是进行电气安装调试的主要图样之一。

图1-1所示为集中抄表住宅配电系统图。

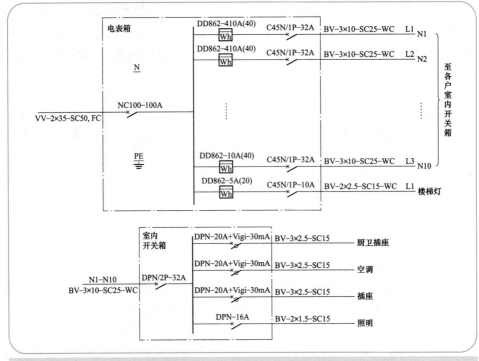

图 1-1 集中抄表住宅配电系统图

照明配电系统图包括:

(1) 建筑物内配电系统的组成和连接原理,电源进户线、各级照明配电箱和供电回路,表示其相互连接形式。

(2) 配电箱型号或编号,总照明配电箱及分照明配电箱所选用计量装置、开关和熔断器等器件的型号、规格。

(3) 各回路配电装置的组成,各回路的去向,用电容量值;各供电回路的编号,导线型号、根数、敷设方法和穿电线管的名称、管径以及敷设导线长度等;线路中设备、器材的接地方式。

(4) 照明器具等用电设备或供电回路的型号、名称、计算容量和计算电流等。

(5) 照明配电箱主要结构部件有盖板、面框、底箱、金属支架、安装轨、汇流排、接零排、接地排和电器元件等。边框设有按开键,可自动打开盖板。底箱设有进线孔,电器元件(断路器)任意组合,拆装方便,带电部件安全地设置在底箱内部。公共接地板应与保护接地装置可靠连接,确保使用安全。照明配电箱内设的断路器及漏电断路器分数路出线,分别控制照明、插座等,其回路应确保负荷正常使用,配电箱内设的计量仪表用于电量计量。配电箱的箱体上下、左右侧板有敲落孔,使用中可任意选择,明装配电箱体的箱体底部有安装孔。照明配电箱的标注如图 1-2 所示。

(6) 进户线是指从住宅总配电箱到单元照明配电箱之间的一段导线。

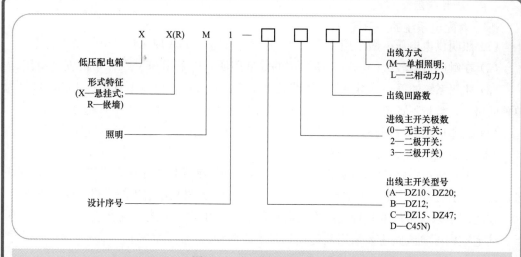

图 1-2 照明配电箱的标准

（7）配电线路是为了将电能从照明配电箱安全、合理、经济、方便地引向各盏灯具和插座等所有用电设备。

（8）住宅线路的保护主要有短路保护、过载保护和接地故障保护。

（9）电能表是用来计量每个家庭用电的计量仪表。在电能表的铭牌上标有 5(20)A 或 10(40)A 等字样，它表示的是电能表的规格。其中，括号前的数字代表电能表的额定电流，括号内的数字则表示电能表允许通过的最大电流。一般来说，电能表的规格反映了住宅设计用电负荷的大小。

举例：型号为 XRM1-A312M 的配电箱，表示该配电箱为低压照明配电箱，采用嵌墙安装，箱内装设一个型号为 DZ20 的出线主开关，进线主开关为 3 极开关，出线回路 12 个，单相照明。

在照明配电系统中开关设备文字标注格式一般为

$$a-b-c/i$$

应用举例：标注 Q3DZ10-100/3-100/60，表示编号为 3 号开关设备，其型号为 DZ10-100/3，即装置式 3 极低压空气断路器，其额定电流为 100A，脱扣器整定电流为 60A。

在照明配电系统中开关设备需要标注引入线的规格时，则标注为

$$a\{[(b-c/i)]/[d(e\times f)-g]\}$$

式中　　a——设备编号；

　　　　b——设备型号；

　　　　c——额定电流；

　　　　i——整定电流；

　　　　d——导线型号；

　　　　e——导线根数；

　　　　f——导线截面积；

g——导线敷设方式。

④ 对配电系统的一般要求

(1) 照明供电电压一般采用220V，若负荷电流超过30A应采用220/380V电源。

(2) 在触电危险较大的场所，所采用的局部照明，应采用36V及以下的安全电压。

(3) 照明系统的每一单相回路，线路长度不宜超过25m，电流不宜超过16A，灯具为单独回路时，数量不宜超过25个（大型建筑物不超过25A，光源数量不宜超过60个）。

(4) 插座应单独设回路，若插座与灯具混为一回路则插座的数量不宜超过5个。

⑤ 住宅室内配电线路方式

住宅室内配电线路最常用的方式是配管布线，即把绝缘导线穿在管内进行暗敷设。在进行施工之前应进行住宅用电估算，而后选取适当配电器材采用适当的线路结构来布线。

住宅配电系统常用的几种配电方式有放射式、树干式、链式、混合式，如图1-3所示。住宅室内配电线路主要采用放射式和树干式两种。

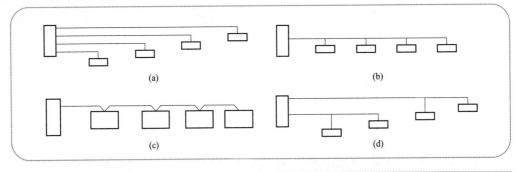

图1-3 住宅常用配电方式

(a) 放射式；(b) 树干式；(c) 链式；(d) 混合式

(1) 放射式布线。优点是配电线路相对独立，发生故障时互不影响，供电可靠性高。但由于放射式布线需要设置的回路较多，因此工程量和耗材都相对要多，一次性投资较大。对于容量较大或是比较重要的设备宜采用放射式布线。

(2) 树干式布线。它的优点是线路简化，耗材少，相对比较省时又节省材料。但当干线发生故障时影响范围大，而且在采用树干式配电时需要考虑干线的电压质量（如线路长、压降大）。一般情况下适用于用电设备的布置比较均匀、容量不大又无特殊要求的场合。

不宜采用树干式布线提示 一种是容量较大的用电设备，因为它将导致干线的电压质量明显下降，影响到接在同一干线上其他用电设备的工作；另一种是对电压质量有较高要求的用电设备。

⑥ 照明平面图

照明平面图主要用来表示电源进户装置、照明配电箱、灯具、插座、开关等电气设备的数量、型号规格、安装位置、安装高度，表示照明线路的敷设位置、敷设方式、敷设路径和导线的型号规格等。

平面图分为照明平面图、插座平面图、网络平面图、有线电视平面图、电话平面图等。照明布置平面图如图1-4所示，插座布置平面图如图1-5所示。

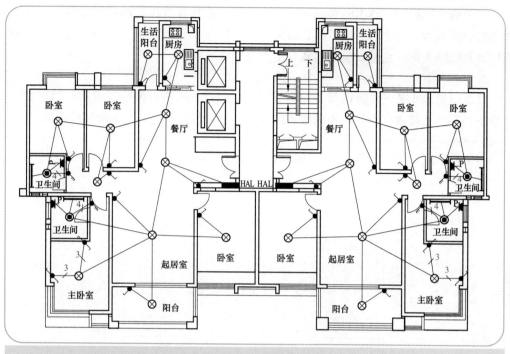

图 1-4　照明布置平面图

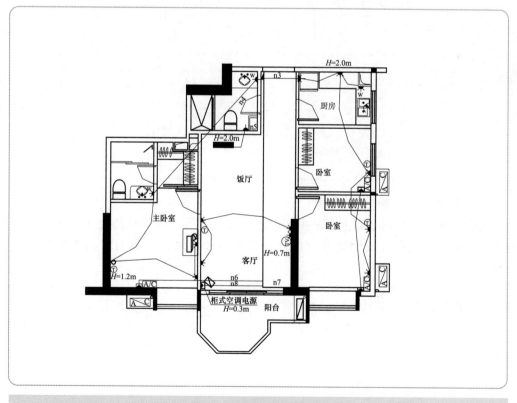

图 1-5　插座布置平面图

在照明平面图中应标出电源进线位置、各配电箱位置及出线回路、灯具和插座所布置导线的根数等，用于表示建筑物各层的照明、网络、有线电视、电话等电气设备的平面位置和线路走向。它是安装电器和敷设支路管线的依据。

❼ 接线图

接线图是表示某一设备内部各种电气元件之间位置关系及接线关系的，用来指导电气设备的安装、接线、查线，如电能表接线图、聚光灯接线图、灯头盒接线图等。

单相电能表有专门的接线盒，接线盒内设有 4 个端钮。电压和电流线圈在电能表出厂时已在接线盒中连好，4 个接线桩从左至右按 1、2、3、4 编号，配线时 1、3 端接电源，2、4 端接负荷即可（少数也有 1、2 端接电源，3、4 端接负荷的，接线时要参看电能表接线图）。若负荷电流很大或电压很高，则应通过电流互感器或电压互感器才能接入电路。在低压小电流电路中，电能表可直接接在线路上，如图 1-6（a）所示。在低压大电流电路中，若线路负荷电流超过电能表的量程，接线应按电流互感器的一次侧与负荷串联、二次侧与电能表的电压线圈并联的原则，如图 1-6（b）所示。

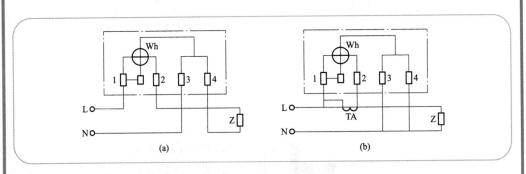

图 1-6　电能表接线图

（a）直接接入式；（b）经电流互感器接入式

Wh—单相功率表；Z—负荷；TA—电流互感器

❽ 防雷接地与等电位连接图

现在的新建建筑物基本上都采用了等电位连接。等电位连接的定义有多种，但都是强调有可能带电伤人或物的导电体被连接并和大地电位相等的连接就称为等电位连接。

等电位连接定义："将各金属体做永久的连接以形成导电通路，它应保证电气的连续导通性并将预期可能加于其上的电流安全导走。" GB 50057—2010 对等电位连接定义："将分开的装置、诸导电物体等用等电位连接导体或电涌保护器连接起来以减小雷电流在它们之间产生的电位差。"

卫生间局部等电位连接如图 1-7 所示。

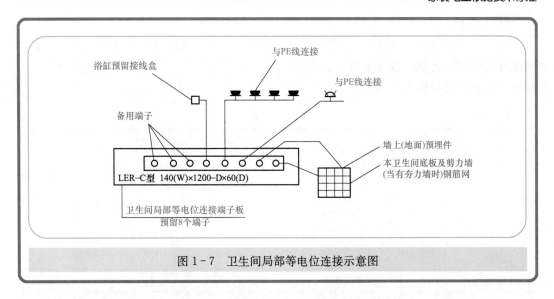

图 1-7　卫生间局部等电位连接示意图

低压配电系统若采用 TN-C-S 系统，其工作零线和保护地线在电源进线箱后要严格分开。电源进户处做重复接地。户内进线处设置总等电位端子箱，电、水、气等金属管道应在进出建筑物处做总等电位连接。

1.2.2　家装电气施工图特点

①　图幅尺寸

电气图的图纸幅面一般分为五种：0 号图纸、1 号图纸、2 号图纸、3 号图纸和 4 号图纸，分别表示为 A0、A1、A2、A3 和 A4。图纸幅面尺寸规定见表 1-3。

表 1-3　　　　　　　　　　　　图 纸 幅 面 尺 寸 规 定　　　　　　　　　　　（mm）

幅面代号	A0	A1	A2	A3	A4
宽×长（B×L）	841×1189	594×841	420×594	297×420	210×297
边宽（c）	10			5	
装订侧边宽（a）	25				

绘制电气图时，一般规定图纸幅面的四周要留有一定距离的侧边，表 1-3 中图幅尺寸代号的意义如图 1-8 所示。

在绘制图纸时，要根据图纸表达内容的规模、要求和复杂程度，从布局紧凑、清晰、匀称和方便的原则出发，选用较小幅面的图纸。特殊情况下，按照规定加大图纸的幅面。

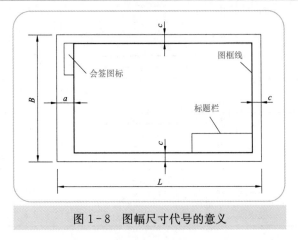

图 1-8　图幅尺寸代号的意义

② 图标

如表1-4所示，图标相当于电气设备的铭牌，一般放在图样的右下角，主要内容包括图样的名称、比例、设计单位、制图人、设计人、校审人、审定人、电气负责人、工程负责人和完成日期等。

表1-4 图 标

序 号	名 称	图 例
221	穿焊接钢管敷设	SC
222	穿电线管敷设	MT
223	穿硬塑料管敷设	PC
224	穿氯乙烯管敷设	EPC
225	电线敷设	CT
226	金属敷设	MR
227	线敷设	PR
228	敷设	M
229	穿乙烯波纹电或管敷设	KPC
230	穿金属敷设	CP

③ 图线

图样中使用的主要线型如表1-5所示。

表1-5 主 要 线 型 示 例

名 称		线型示例	线宽	一般用途
实线	粗	——————	b	主要可见轮廓线
	中	——————	$0.5b$	可见轮廓线
	细	——————	$0.25b$	可见轮廓线、图例线等
虚线	粗	– – – – –	b	见有关专业制图标准
	中	– – – – –	$0.5b$	不可见轮廓线
	细	– – – – –	$0.25b$	不可见轮廓线、图例线等
点画线	粗	—·—·—·—	b	见有关专业制图标准
	中	—·—·—·—	$0.5b$	见有关专业制图标准
	细	—·—·—·—	$0.25b$	中心线、对称线等
双点画线	粗	—··—··—	b	见有关专业制图标准
	中	—··—··—	$0.5b$	见有关专业制图标准
	细	—··—··—	$0.25b$	假想轮廓线、成型前原始轮廓线
折断线		——⋏——	$0.25b$	断开界线
波浪线		∿∿∿	$0.25b$	断开界线

（1）粗实线：建筑图的立面图、平面图与剖面图的截面轮廓线、图框线等。

（2）中实线：电气施工图的干线、支线、电缆线及架空线等。

（3）细实线：电气施工图的底图线。建筑平面图要有细实线，以便突出用中实线绘制的电气线路。

（4）粗点画线：通常在平面图中大型构件的轴线等处使用。

（5）点画线：用于轴线、中心线等，如电气设备安装大样图的中心线。

（6）粗虚线：适用于不可见的轮廓线。

（7）虚线：适用于不可见的轮廓线。

（8）折断线：用在被断开部分的边界线。

此外，电气专业常用的线还有电话线、接地母线、电视天线和避雷线。

④ 尺寸标注

工程图样上标注尺寸通常采用毫米（mm）作单位，只有总平面图或特大设备用米（m）作单位。电气图样一般不标注单位。

⑤ 比例和方位标志

电气施工图常用的比例有 1∶200、1∶100、1∶60、1∶50 等，大样图的比例可以用 1∶20、1∶10、1∶5。外线工程图常用小比例，在进行概算、预算统计工程量时就需要用到这个比例。图样中的方位按照国际惯例通常是上北下南、左西右东。有时为了使图面布局更加合理，也可能采用其他方位，但必须标明指北针。

⑥ 标高

建筑图样中的标高通常是相对标高，一般将±0.00 设定在建筑物首层室内地坪，往上为正值，往下为负值。电气图样中设备的安装标高是以各层地面为基准的，室外电气安装工程常用绝对标高，这是以海平面为零点而确定的高度尺寸，又称海拔。

图 1-9 所示为建筑标高表示符号。

图 1-9　建筑标高表示符号

⑦ 图例

为了简化作图，国家有关标准和一些设计单位有针对性地对常见的材料构件、施工方法等规定了一些固定画法式样，有的还附有文字符号标注，如表 1-6 所示。要看懂电气安装施工图，就要明白图中符号的含义。电气图样中的图例如果是由国家统一规定的则称为国标符号，由有关部委颁布的称为部协符号。

表 1－6　　　　　　　　　　　　图　例　说　明

序号	图例	名称	序号	图例	名称
23		具有护板的（电源）插座	33		调光器
24		具有单极开关的（电源）插座	34		限时开关
25		具有隔离变压器的插座	35		带指示灯的限时开关
26		接线盒-连接盒	36		按钮
27		单联单控扳把开关	37		带有指示灯的按钮
28		双联单控扳把开关	38		门铃开关，带夜间指示灯
29		三联单控扳把开关	39		门铃
30		n 联单控扳把开关	40		星—三角起动器
31		带指示灯的开关	41		自耦变压器式起动器
32		两控单极开关			

⑧　平面图定位轴线

　　凡是建筑物的承重墙、柱子、主梁及房架等都应设置轴线，纵轴编号是从左起用阿拉伯数字标注的，而横轴则是用大写英文字母自下而上标注的，如图 1－10 所示。

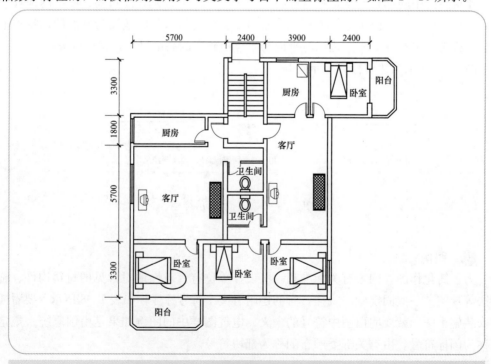

图 1－10　平面图定位轴线示意图

轴线间距是由建筑结构尺寸确定的。在电气平面图中，为了突出电气线路，通常只在外墙面绘制出横竖轴线，而不在建筑平面内绘制。

⑨ 设备材料表

为了便于施工单位计算材料、采购电气设备、编制工程概（预）算及编制施工组织计划等，在电气施工图样上要列出主要设备材料表，见表1-7。表内应列出全部电气材料的规格、型号、数量及有关的重要数据，要求与图样一致，而且要按照序号编写。

表 1-7   电气施工主要设备材料表

序号	材料名称	单位	产地	数量	备注
1	阻燃 PVC 塑料管	m	广东联塑	21 152	广东联塑
2	镀锌薄壁电线管	m	昆明	9700	云南
3	电缆桥架	m	云南	1500	云南
4	电线	m		78 000	江苏宝胜
5	低压配电柜	台		7	
6	配电箱、控制箱	台		230	
7	电缆	m		3200	江苏宝胜
8	灯具	套		3561	广东三雄
9	开关、插座	套		2059	TCL

⑩ 设计说明

电气图样说明是用文字叙述的方式说明一个建筑工程（如建筑用途、结构形式、地面做法及建筑面积等）和电气设备安装有关的内容，主要包括电气设备的规格型号、工程特点、设计指导思想，以及使用的新材料、新工艺、新技术和对施工的要求等。

1.2.3 家装电气施工图中的图形符号及字母

在电气工程中使用的元件、设备、装置、连接线很多，结构类型千差万别，安装方法多种多样。因此，在电气施工图中，元件、设备、装置、线路及安装方法等都要用图形符号和文字符号来表示。识读电气施工图，首先要了解和熟悉这些符号的形式、内容、含义以及它们之间的相互关系。

① 电气施工图中图形符号和文字符号

（1）图形符号。电气图形符号是电气技术领域的重要信息语言。

（2）文字符号。图形符号提供了一类设备及元件的共同符号，为了更明确地区分不同的设备、元器件，尤其是区分同类设备或元器件中不同功能的设备或元器件，还必须在图形符号旁标注相应的文字符号。文字符号通常由基本符号、辅助符号和数字序号组成，文字符号中的字母为英文字母。

1）基本文字符号。基本文字符号用来表示电气设备、装置和元器件以及线路的基本名称、特性。基本文字符号分为单字母符号和双字母符号。

单字母符号用来表示按国家标准划分的 23 大类电气设备、装置和元器件。

双字母符号由单字母符号后面另加一个字母组成，目的是更详细和更具体地表示电气设备、装置和元器件的名称。

2）辅助文字符号。辅助文字符号用来表示电气设备、装置和元器件，也用来表示线路的功能、状态和特征。

（3）文字符号的组合。文字符号的组合形式一般为基本符号＋辅助符号＋数学符号。如 FU2 表示第二组熔断器。在读文字符号时，同一个字母在组合中的位置不同，可能有不同的含义。即文字符号只有明确了它在组合中的具体位置才有意义。如 F 表示保护器件，U 表示调制器，这两个意思组合起来是无意义的，只有熔断器 FU 是有意义的。

（4）特殊文字符号。在电气施工图中，一些特殊用途的接线端子、导线等常采用专用文字符号标注。

（5）设备、元器件的型号。电气施工图中的设备、元器件，除了标注文字符号外，有些还标注设备、元器件的型号（型号中的字母为汉语拼音字母）。这里所列型号为国家标准产品型号，进口产品、合资企业生产产品的型号往往与国家标准产品型号不同，型号含义需要参阅厂家产品说明书。

2 电气图形符号的构成和分类

（1）电气图形符号包括符号、符号要素、限定符号和方框符号。

1）符号是用来表示一类产品或此类产品特征的简单符号，如电阻、开关、电容等。

2）符号要素是一种具有确定意义的简单图形，必须同其他图形组合构成一个设备或概念的完整符号。符号要素一般不能单独使用，只有按照一定方式组合起来才能构成完整的符号。符号要素的不同组合可以构成不同的符号。

3）限定符号是用以提供附加的信息加在其他符号上的符号。限定符号一般不代表独立的设备、元器件，仅用来说明某些特征、功能和作用等。限定符号一般不单独使用，当一般符号加上不同的限定符号后，可得到不同的专用符号。

4）方框符号用以表示元器件、设备等的组合及其功能，是既不给出元器件、设备的细节，也不考虑所有连接的一种简单图形符号。方框符号在框图中使用最多。

（2）电气图形符号规范标准范围。

《电气简图用图形符号 第 1 部分：一般要求》（GB/T 4728.1—2005），采用国际电工委员会（IEC）标准，在国际上具有通用性。其主要内容为：

1）总则，有标准内容提要、名词术语、符号的绘制、编号使用及其他规定。

2）符号要素、限定符号和其他常用符号。符号要素、限定符号和其他常用符号包括轮廓和外壳、电流和电压的种类、可变性、力或运动的方向、流动方向、材料的类型、效应或相关性、辐射、信号波形、机械控制、操作件或操作方法、非电量控制、接地、接机壳和等电位、理想电路元件等。

3）导体和连接体。导体和连接体包括电线、屏蔽或绞合导线、同轴电缆、端子导线连接、插头和插座、电缆终端头等。

4）基本无源元件。基本无源元件包括电阻器、电容器、电感器、铁氧体磁芯、压电晶体、驻极体等。

5）半导体管和电子管。如二极管、晶体管、电子管等。

6）电能的发生与转换。电能的发生与转换包括绕组、发电机、变压器等。

7）开关、控制和保护器件。开关、控制和保护器件包括触点、开关、开关装置、控制装置、起动器、继电器、接触器和保护器件等。

8）测量仪表、灯和信号器件。测量仪表、灯和信号器件包括指示仪表、记录仪表、热电偶、遥测装置、传感器、灯、电铃、蜂鸣器、扬声器等。

9）电信：交换和外围设备包括交换系统、选择器、电话机、电报和数据处理设备、传真机等。

10）电信：传输。传输包括通信电路、天线、波导管器件、信号发生器、激光器、调制器、解调器、光纤传输。

11）建筑安装平面布置图。建筑安装平面布置图包括发电站、变电所、网络、音响和电视的分配系统、建筑用设备、露天设备。

12）二进制逻辑元件。二进制逻辑元件包括计数器、存储器等。

13）模拟元件。模拟元件包括放大器、函数器、电子开关等。

❸ 导线根数及敷设方式表示

（1）导线根数表示。导线根数的表示方法是：只要走向相同，无论导线的根数多少，都可以用一根图线表示一束导线，同时在图线上打上短斜线表示根数；也可以画一根短斜线，在旁边标注数字表示根数，所标注的数字不小于 3（对于两根导线，可用一条图线表示，不必标注根数）。

（2）平面图中导线根数的确定：

1）水平敷设管内导线的数量已有标示，根据导线短斜线数量或导线旁边数字即可判断。

2）连接开关的竖直管内的导线数量。

"联"数加一：如双联开关有三根线。

"极"数翻倍：如单极开关有两根线，双极需四根线。

3）插座穿电线管内的导线数量：由 n 联中极数最多的插座决定。

（3）导线敷设表示。电气线路在平面图中采用线条和文字标注相结合的方法，表示出线路的走向、用途、编号及导线的型号、根数、规格和线路的敷设方式和敷设部位。线路敷设方式代号见表 1-8，线路暗敷部位代号见表 1-9。

表 1-8　　　　　　　　　**线 路 敷 设 方 式 代 号**

代号	线路敷设方式	代号	线路敷设方式
PVC	用阻燃塑料管敷设	RC	穿水煤气管敷设
DGL	用电工钢管敷设	TC	穿电线管敷设
PP	用塑制线槽敷设	CP	穿金属软管敷设

代号	线路敷设方式	代号	线路敷设方式
SP	用金属线槽敷设	PC	穿硬聚氯乙烯管敷设
KRC	用可挠性塑制管敷设	KOC	穿聚氯乙烯波纹管敷设
SC	穿焊接钢管敷设	CT	用电缆桥架敷设

表 1-9 　　　　　　　　　　　线 路 暗 敷 部 位 代 号

代号	线路暗敷部位	代号	线路暗敷部位
LA	暗设在梁内	PA	暗设在屋面内或顶棚内
ZA	暗设在柱内	DA	暗设在地面或地板内
QA	暗设在墙内	PNA	暗设在不能进入的吊顶内

④ 灯具的标注

灯具在平面图中采用图形符号表示，在图形符号旁标注文字，说明灯具的名称和功能。灯具的标注是在灯具旁按灯具标注规定标注灯具数量、型号、灯具中的光源数量和容量、悬挂高度和安装方式。灯具光源按发光原理分为热辐射光源（如白炽灯和卤钨灯）和气体放电光源（如荧光灯、高压汞灯、金属卤化物灯）。

照明灯具的标注格式：一般标注方法为

$$a-b(cdl/e)f$$

灯具吸顶安装标注方法为

$$a-b(cdl/-)f$$

式中　　a——同类灯具个数；

b——灯具的型号或者编号；

c——灯具中的光源数；

d——光源的功率，W；

e——灯具安装高度，m；

f——灯具安装方式；

l——光源的种类（一般不标注）。

应用举例：$5-YZ402\times40/205CH$，表示 5 盏 YZ40 直管型荧光灯，每盏灯具中装设 2 只功率为 40W 的灯管，灯具的安装高度为 2.5m，灯具采用链吊式安装方式。

如果灯具为吸顶安装，那么安装高度可用"—"号表示。在同一房间内多盏相同型号、相同安装方式和相同安装高度的灯具，可标注一处。

应用举例：$20-YU601\times60/3CP$，表示 20 盏 YU60 型 U 形荧光灯，每盏灯具中装设 1 只功率为 60W 的 U 形灯管，灯具采用线吊安装，安装高度为 3m。

灯具的类型及代号见表 1-10，灯具安装方式表示方法见表 1-11。

光源种类代号见表 1-12。

表 1 - 10   灯 具 的 类 型 及 代 号

灯具的类型	拼音代号	灯具的类型	拼音代号
普通吊灯	P	卤钨探照灯	L
壁灯	B	投光灯	T
花灯	H	工厂灯	G
吸顶灯	D	防水、防尘灯	F
柱灯	Z	陶瓷伞罩灯	S

表 1 - 11   灯 具 安 装 方 式 表 示 方 法

安装方式	拼音代号	英文代号	安装方式	拼音代号	英文代号
线吊式	X	CP	吸顶式或直敷式	D	S
固定线吊式	X_1	CP_1	吸顶嵌入式（能进入的棚顶）	DR	CR
防水线吊式	X_2	CP_2	嵌入式（不能进入的棚顶）	R	R
链吊式	L	CH	支架上安装	J	SP
管吊式	G	P	柱上安装	Z	CL
壁装式	B	W	台上安装	T	T
墙壁内装式	BR	WR	座装	ZH	HM

表 1 - 12   光 源 种 类 代 号

光源的类型	标准代号	光源的类型	标准代号
白炽灯	IN	电弧灯	ARC
荧光灯	FL	红外线灯	IR
卤（碘）钨灯	IN	紫外线灯	UV
汞灯	Hg	发光二极管	LED
钠灯	Na	电致发光	EL
氖灯	Ne		

⑤ **灯具开关的分类**

灯具开关按照面板上的开关数量分为单联开关、双联开关、三联开关、四联开关和五联开关，灯具开关按照安装方式分为明装式开关、暗装式开关、半暗装式开关等，灯具开关按照控制方式分为单控开关、双控开关，灯具开关按照操作方式分为拉线开关、翘板开关、声控开关、节能开关等。

常用照明开关如图 1 - 11 所示。

图 1 - 11　常用照明开关

❻ 插座的类型及符号

插座的类型分类：

（1）扁插。扁插包括二极扁插、三极扁插。使用国家有中国、日本、美国、加拿大等亚洲、北美洲国家。

（2）方插。方插包括二极方插、三极方插。使用国家有中国香港、英国、新加坡、澳大利亚、印度等。

（3）圆插。圆插包括二极扁圆插、三极圆插。它主要在欧洲一些国家使用。

常用插头类型如图1-12所示。插座按额定电流分为10A二极圆扁插座、16A三极插座、13A带开关方脚插座、16A带开关三极插座等。

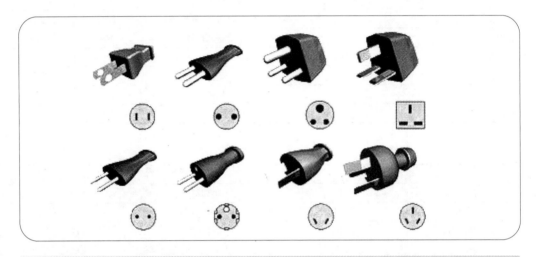

图1-12　常用插头类型

常用插座类型如图1-13所示。

图1-13　常用插座类型

1.2.4　典型住宅电气平面图

电气平面图是在建筑总的平面图上，表示出电源及电力负荷的分布图样，主要表示各建筑物的名称、用途、电力负荷的总装机容量、电气线路的走向及变（配）电装置的位置、容量和电源进户线的方向。通过总电气平面图可以了解该项目的工程概况，掌握电气负荷的分布及电源装置。典型住宅标准配电平面图图例如图1-14～图1-16所示。

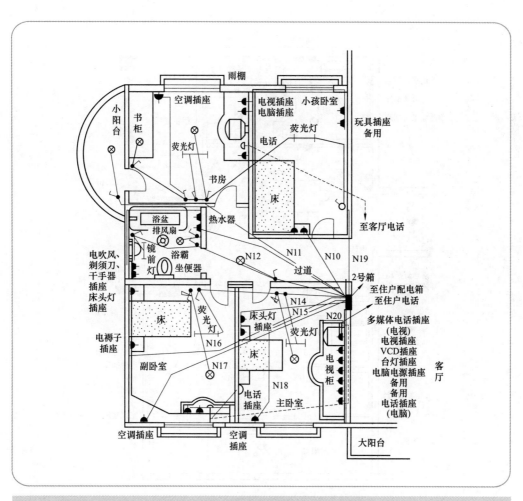

图 1-14　四室二厅家庭电气安装平面图例

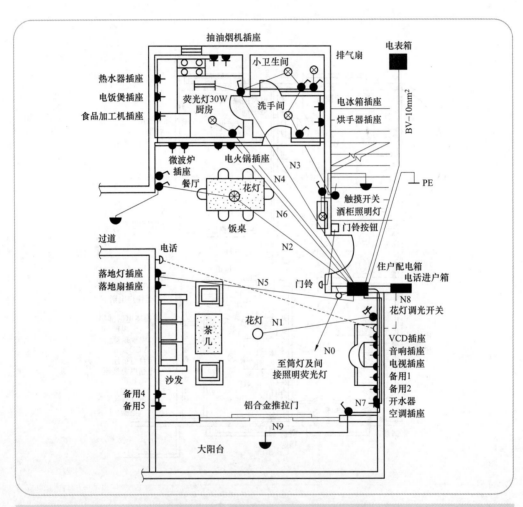

图 1-15   四室二厅家庭二厅电气安装平面图例

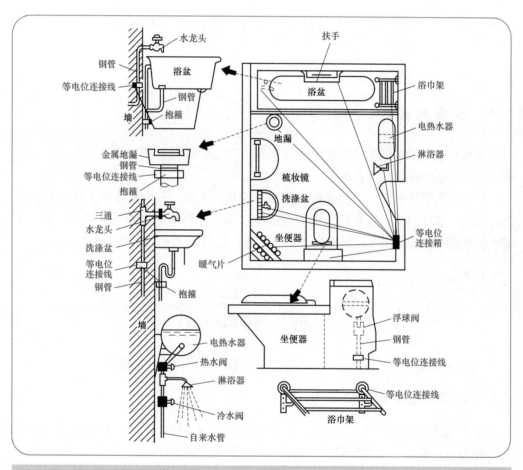

图 1-16　住宅浴室等电位连接线路图例

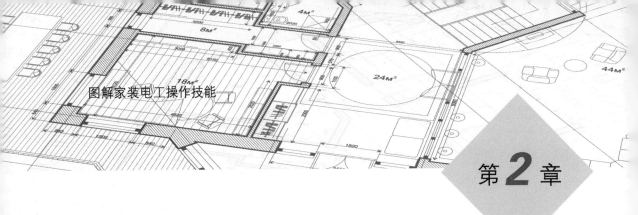

第2章

电工常用工具与测量仪表

 本章要点

　　熟练掌握电工常用工具的安全使用范围；熟练使用电工测量仪表，防止在仪表的不对应挡位做违规的测量操作，烧毁仪表。

　　作为一名家装电工，必须拥有一套得心应手的工具，只有熟练地运用工具，才能在工作中事半功倍；在家装工程的施工中，正确和熟练地使用电工测量仪表，有助于合理地控制施工操作，既提高了工作效率，又保证了最佳的装修效果。

 2.1 电工常用工具

　　常用工具有验电器、螺丝刀、电工钳、活动扳手、手枪钻、电锤等。

2.1.1 低压验电器

　　低压验电器又称试电笔、测电笔。低压验电器按结构形式不同分为钢笔式和旋具式两种，按显示原件不同分为氖管发光指示式和数字显示式两种。

　　氖管发光指示式验电器由氖管、电阻、弹簧、笔身和笔尖等部分组成，如图2-1所示。

> **低压验电器的使用规范：** 使用低压验电器，必须按照正确姿势握笔，以食指触及笔尾的金属体，笔尖触及被测物体，使氖管小窗背光朝向测试者。当被测物体带电时，电流经带电体、验电器、人体到大地构成通电回路。只要带电体与大地之间的电位差超过60V，验电器中的氖管就发光，电压高发光强，电压低发光弱。用数字显示式验电器验电，其握笔方法与氖管指示式相同，但带电体与大地间的电位差在2～500V，验电器都能显示出来。

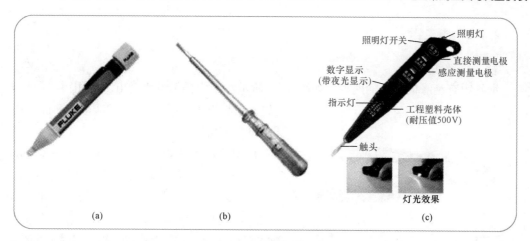

照明灯开关
照明灯
直接测量电极
数字显示
（带夜光显示）
感应测量电极
指示灯
工程塑料壳体
（耐压值500V）
触头
灯光效果

(a)　　　　　　　　(b)　　　　　　　　(c)

图 2-1　低压验电器
(a) 钢笔式；(b) 旋具式；(c) 数字显示式

2.1.2　螺钉旋具

螺钉旋具又称起子、改锥和螺丝刀，它是一种紧固和拆卸螺钉的工具。螺钉旋具的种类和规格很多，按头部形状可分为一字形和十字形两种，如图 2-2 所示。

一字螺钉旋具常用的有 50、100、150、200mm 等规格，电工必备的是 50mm 和 150mm 两种。十字螺钉旋具专供紧固或拆卸十字槽的螺钉使用。

常用的螺钉旋具有四种规格：Ⅰ号适用于直径为 2.0～2.5mm 的螺钉，Ⅱ号适用于直径为 3～5mm 的螺钉，Ⅲ号适用于直径为 6～8mm 的螺钉，Ⅳ适用于直径为 10～12mm 的螺钉。

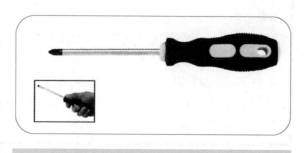

图 2-2　螺钉旋具

螺钉旋具的使用规范：

(1) 大螺钉旋具一般用来紧固较大的螺钉。使用时，除拇指、食指和中指要夹住握柄外，手掌还要顶住木柄的末端，这样就可防止螺钉旋具转动时滑脱。

(2) 小螺钉旋具一般用来紧固电气装置界限桩头上的小螺钉，使用时可用手指顶住木柄的末端捻旋。

(3) 较长螺钉旋具使用时，可用右手压紧并转动木柄，左手握住螺钉旋具中间部分，以使螺钉旋具不滑落，此时左手不得放在螺钉的周围，以免螺钉旋具滑出时将手划伤。

(4) 电器维修时不可使用金属杆直通柄顶的螺钉旋具，否则很容易造成触电事故。

2.1.3 电工钳

1 钢丝钳

钢丝钳有绝缘柄和裸柄两种，如图2-3所示。绝缘柄钢丝钳为电工专用钳（简称电工钳），常用的有150、175、200mm三种规格。裸柄钢丝钳电工禁用。

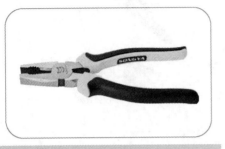

图2-3 钢丝钳

常用的钢丝钳以6、7、8in（1in＝25mm）为主，按照中国人平均身高1.7m左右计算，7in（175mm）的用起来比较合适；8in的力量比较大，但是略显笨重；6in的比较小巧，剪切稍粗钢丝就比较费力；5in的属于精巧的钢丝钳。

钢丝钳的安全使用提示：

（1）使用钢丝钳要量力而行，不可以超负荷使用。切忌不可在切不断的情况下扭动钢丝钳，否则容易致使钢丝钳崩牙与损坏。无论钢丝还是铁丝或者铜线，只要能留下钢丝钳咬痕，然后用钢丝钳前口的齿夹紧钢丝，轻轻地上抬或者下压钢丝，就可以折断钢丝，不但省力，而且对钢丝钳没有损坏，可以有效地延长使用寿命。

（2）钢丝钳分绝缘钢丝钳和不绝缘钢丝钳，在带电操作时应该注意区分，以免被强电伤到。

（3）在使用钢丝钳过程中切勿将绝缘手柄碰伤、损伤或烧伤，并且要注意防潮。

（4）为防止生锈，钳轴要经常加油。

（5）带电操作时，手与钢丝钳的金属部分保持2cm以上的距离。

（6）根据不同用途，选用不同规格的钢丝钳。

（7）不能当锤子使用。

2 尖嘴钳

尖嘴钳别名修口钳、尖头钳、尖嘴钳。它是由尖头、刀口和钳柄组成的，电工用尖嘴钳的材质一般由45号钢制作，类别为中碳钢。含碳量0.45%，韧性硬度都合适。

尖嘴钳的头部尖细（见图2-4），适于在狭小的工作空间作业。尖嘴钳也有裸柄和绝缘柄两种。裸柄尖嘴钳是电工禁用的。绝缘柄尖嘴钳的耐压强度为500V，常用的有130、160、180、200mm四种规格。尖嘴钳的握法与钢丝钳的握法相同。

图2-4 尖嘴钳

尖嘴钳钳柄上套有额定电压 500V 的绝缘套管。尖嘴钳是一种常用的钳形工具。它主要用来剪切线径较细的单股线与多股线，以及给单股导线接头弯圈、剥塑料绝缘层等，能在较狭小的工作空间操作。不带刃口者只能夹捏工作，带刃口者能剪切细小零件。它是电工（尤其是内线电工）、仪表及电讯器材等装配及修理工作常用工具之一。

③ 斜口钳

如图 2-5 所示，斜口钳主要用于剪切导线、元器件多余引线，还常用来代替一般剪刀剪切绝缘套管、尼龙扎线卡等。

斜口钳功能以切断导线为主，剪切 $2.5mm^2$ 的单股铜线不但很费力，而且容易导致斜口钳损坏，所以建议斜口钳不宜剪切 $2.5mm^2$ 以上的单股铜线和铁丝。在尺寸选择上以 5、6、7in 的为主，普通电工布线时选择 6、7in 的切断能力比较强，剪切不费力。电路板安装维修以 5、6in 的为主，使用起来方便灵活，长时间使用不易疲劳。4in 的属于迷你钳，只适合做一些小的工作。

图 2-5 斜口钳

斜口钳的刀口可用来剖切软电线的橡皮或塑料绝缘层。斜口钳的刀口也可用来切剪电线、铁丝。剪切 8 号镀锌铁丝时，应用刀刃绕表面来回割几下，然后只需轻轻一扳，铁丝即断。铡口也可以用来切断电线、钢丝等较硬的金属线。电工常用斜口钳的有 150、175、200mm 及 250mm 等多种规格。

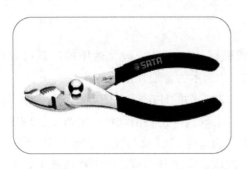

图 2-6 鲤鱼钳

④ 鲤鱼钳

鲤鱼钳也称鱼嘴钳，用于加持扁形或圆柱形金属零件，如图 2-6 所示。使用鲤鱼钳可用钳口夹紧或拉动，也可在颈部切断细导线。

鲤鱼钳因外形酷似鲤鱼而得名，其特点是钳口的开口宽度有两挡调节位置，可放大或缩小使用。鲤鱼钳主要用于夹持圆形零件，也可代替扳手旋小螺母和小螺栓，钳口后部刃口可用于切断金属丝，在汽修行业中运用较多。

鲤鱼钳的安全使用提示：

（1）塑料柄可以耐高压，使用过程中不要随意乱扔，以免损坏塑料管。

（2）在用鲤鱼钳夹持零件前，必须用防护布或其他防护罩遮盖易损坏件，防止锯齿状钳口对易损件造成伤害。

（3）严禁把鲤鱼钳当成扳手使用，因为锯齿状钳口会损坏螺栓或螺母的棱角。

⑤ 弯头钳

如图 2-7 所示，弯头钳与尖嘴钳（不带刃口的）相似，适宜在狭窄或凹下的工作空间使用。

弯头钳主要规格：分柄部不带塑料套和带塑料套，长度为 140、160、180、200mm。

⑥ 剥线钳

剥线钳是剥削小直径导线接头绝缘层的专用工具。使用时，将要剥削的导线绝缘层长度用标尺定好，右手握住钳柄，用左手将导线放入相应的刃口槽中（比导线直径稍大，以免损伤导线），用右手将钳柄向内一握，导线的绝缘层即被割破拉开自动弹出，如图 2-8 所示。

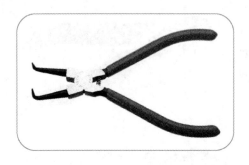

图 2-7 弯头钳

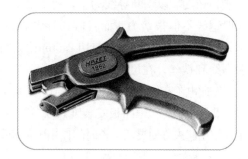

图 2-8 剥线钳

剥线钳的规格分为 140、160、180mm（都是全长）。

2.1.4 冲击钻与电锤

① 冲击钻

冲击钻可用于对石头或混凝土进行打孔或破碎。冲击钻一般是通用的，既可以用"单钻"模式，也可以用"冲击钻"模式。图 2-9 所示为普通冲击钻。

图 2-9 普通冲击钻

冲击钻的冲击机构有犬牙式和滚珠式两种。滚珠式冲击钻由动盘、定盘、钢球等组成。动盘通过螺纹与主轴相连，并带有 12 个钢球；定盘利用销钉固定在机壳上，并带有 4 个钢球。在推力作用下，12 个钢球沿 4 个钢球滚动，使硬质合金钻头产生旋转冲击运动，能在砖、砌块、混凝土等脆性材料上钻孔。脱开销钉，使定盘随动盘一起转动，不产生冲击，可作普通电钻用。

冲击钻的使用规范如下：

（1）操作前必须查看电源是否与电动工具上的常规额定 220V 电压相符，以免错接到 380V 的电源上。

（2）使用冲击钻前应仔细检查机体绝缘防护、辅助手柄及深度尺调节等情况，机器有无螺钉松动现象。

(3) 冲击钻必须按材料要求装入 $\phi6\sim\phi25mm$ 允许范围的合金钢冲击钻头或打孔通用钻头，严禁使用超越范围的钻头。

(4) 冲击钻导线要保护好，严禁满地乱拖防止轧坏、割破，更不准把电线拖到油水中，防止油水腐蚀电线。

(5) 使用冲击电钻的电源插座必须配备漏电开关装置，并检查电源线有无破损现象。使用当中发现冲击钻漏电、振动异常、高热或者有异声时，应立即停止工作，找电工及时检查修理。

(6) 冲击钻更换钻头时，应用专用扳手及钻头锁紧钥匙，杜绝使用非专用工具敲打冲击钻。

(7) 使用冲击钻时切记不可用力过猛或出现歪斜操作，事前务必装紧合适钻头并调节好冲击钻深度尺，垂直、平衡操作时要徐徐均匀用力，不可强行使用超大钻头。

(8) 熟练掌握和操作顺逆转向控制机构、松紧螺钉及打孔攻螺纹等功能。

冲击钻维护保养如下：

(1) 由专业电工定期更换冲击钻的换碳刷及检查弹簧压力。

(2) 保障冲击钻机身整体完好及清洁，并及时清除污垢，保证冲击电钻转动顺畅。

(3) 由专业人员定期检查冲击钻各部件是否损坏，对损伤严重而不能再用的应及时更换。

(4) 及时增补因作业中机身上丢失的机体螺钉紧固件。

(5) 定期检查传动部分的轴承、齿轮及冷却风叶是否灵活完好，适时对转动部位加注润滑油，以延长冲击钻的使用寿命。

(6) 使用完毕后要及时将冲击钻归还工具库妥善保管。

2 电锤

电锤是电钻中的一类，主要用来在混凝土、楼板、砖墙和石材上钻孔。还有多功能电锤，调节到适当"挡位"配上适当钻头，可以代替普通电钻、电镐使用。

> 电锤是在电钻的基础上，增加了一个由电动机带动有曲轴连杆的活塞，在一个汽缸内往复压缩空气，使汽缸内空气压力呈周期变化，变化的空气压力带动汽缸中的击锤往复打击钻头的顶部，好像人们用锤子敲击钻头一样，故名电锤。

由于电锤钻头在转动的同时沿着电钻杆的方向快速往复运动（频繁冲击），所以电锤可以在脆性大的水泥混凝土及石材等材料上快速打孔。高档电锤可以利用转换开关，使电锤的钻头处于不同的工作状态，即只转动不冲击、只冲击不转动、既冲击又转动。图 2-10 所示为典型品牌电锤。

(1) 使用电锤时要做好如下的个人防护：

1) 操作者要戴好防护眼镜，以保护眼睛。当面部朝上作业时，要戴上防护面罩。

2) 长期作业时要塞好耳塞，以减轻噪声的影响。

图 2-10　典型品牌电锤

3）长期作业后钻头处在灼热状态，在更换时应防止灼伤肌肤。

4）作业时应使用侧柄，双手操作，防止堵转时反作用力扭伤胳膊。

5）站在梯子上工作或高处作业应做好高处坠落措施，梯子应有地面人员扶持。

（2）电锤操作作业现场要做好如下安全工作：

1）确认现场所接电源与电锤铭牌是否相符，是否接有漏电保护器。

2）钻头与夹持器应适配，并妥善安装。

3）钻凿墙壁、天花板、地板时，应先确认有无埋设电缆或管道等。

4）在高处作业时，要充分注意下面的物体和行人安全，必要时设警戒标志。

5）确认电锤上开关是否切断，若电源开关接通，则插头插入电源插座时电动工具将出其不意地立刻转动，从而可能导致人员受到伤害。

6）若作业场所在远离电源的地点，需延伸线缆时，应使用容量足够、安装合格的延伸线缆。延伸线缆如通过人行过道，应高架或做好防止线缆被碾压损坏的措施。

（3）作业前的检查应符合下列要求：

1）外壳、手柄不出现裂缝、破损。

2）电缆软线及插头等完好无损，开关动作正常，保护接零连接正确、牢固可靠。

3）各部防护罩齐全牢固，电气保护装置可靠。

（4）使用电锤作业时，要按照如下操作规范进行：

1）机具启动后空载运转，应检查并确认机具联动灵活无阻。作业时，加力应平稳，不得用力过猛。

2）作业时应掌握电钻或电锤手柄，打孔时首先将钻头抵在异型铆钉工作表面，然后开动，用力适度，避免晃动；转速若急剧下降，应减少用力，阻止电动机过载，严禁用木杠加压。

3）钻孔时，应注意避开混凝土中的钢筋。

4）电钻和电锤为 40% 断续工作制，不得长时间连续使用。

5）作业孔径在 25mm 以上时，应有稳固的作业平台，周围应设护栏。

6）严禁超载使用。作业中应注意声响及温升，发现异常应立即停机检查。在作业时间过长，机具温升超过 60℃时，应停机，自然冷却后再作业。

7）机具转动时，不得撒手不管。

8）作业中，不得用手触摸电锤钻头，发现有故障时，应立即停机修整或更换，然后再继续进行作业。

2.2 电工常用测量仪表

2.2.1 钳形电流表

通常应用普通电流表测量电流时，需要切断电路才能将电流表或电流互感器一次绕组串接到被测电路中。而使用钳形电流表进行测量时，则可在不切断电路的情况下进行测量。图 2-11 所示为钳形电流表外形。

① 钳形电流表的使用规范

（1）测量前，应检查仪表指针是否在零位。若不在零位，则应调到零位。同时应对被测电流进行粗略估计，选择适当的量程。如果被测电流无法估计，则应先把钳形电流表置于最高挡，逐渐下调切换，直至指针在刻度的中间段为止。

（2）应注意钳形电流表的电压等级，不得将低压表用于测量高压电路的电流。

图 2-11　钳形电流表外形

（3）每次只能测量一根导线的电流，不可将多根导线都夹入钳口测量。被测导线应置于钳口中央，否则误差将很大（大于 5%）。当导线夹入钳口时，若发现有振动或碰撞声，应将仪表扳手转动几下，或重新开合一次，直到没有噪声才能读取电流值。测量电流后，如果立即测量小电流，应开合钳口数次，以消除铁芯中的剩磁。

（4）在测量过程中不得切换量程，以免造成二次回路瞬间开路，感应出高电压而击穿绝缘。必须变换量程时，应先将钳口打开。

（5）在读取电流读数困难的场所测量时，可首先用制动器锁住指针，然后到读数方便的地点读值。

（6）若被测导线为裸导线，则必须事先将邻近各相用绝缘板隔离，以免钳口张开时出现相间短路。

（7）测量时，如果附近有其他载流导线，所测值会受载流导体的影响而产生误差。此时，应将钳口置于远离其他导线的一侧。

（8）每次测量后，应把调节电流量程的切换开关置于最高挡位，以免下次使用时因未选择量程就进行测量而损坏仪表。

（9）有电压测量挡的钳形电流表，电流和电压要分开测量，不得同时测量。

（10）测量 5A 以下电流时，为获得较为准确的读数，若条件许可，可将导线多绕几圈放进钳口测量，此时实际电流值为钳形电流表的指示值除以所绕导线圈数。

（11）测量时应戴绝缘手套，站在绝缘垫上。读数时要注意安全，且勿触及其他带电部分。

（12）钳形电流表应放在干燥的室内，钳口处应保持清洁，使用前应擦拭干净。

2 钳形电流表使用经验

（1）用钳形电流表测量线绕式异步电动机转子电流的方法。

用钳形电流表测量绕线式异步电动机的转子电流时，必须选用具有电磁系测量机构的钳形电流表，如采用一般常见的磁电式整流系钳形电流表测量，指示值与被测量的实际值会有很大误差，甚至没有指示。其原因是，整流式磁电系钳形电流表的表头是与互感器二次绕组连接，表头电压是由二次绕组得到的。

当采用此种钳形电流表测量转子电流时，由于转子上的频率较低，表头上得到的电压将比测量同样电流值的工频电流小得多，有时电流很小，甚至不能使表头中的整流元件导通，所以钳形电流表没有指示或指示值与实际值有很大误差。

如果选用电磁系测量机构的钳形电流表，由于测量机构没有二次绕组，也没有整流元件，磁回路中的磁通直接通过表头，而且与频率没有关系，所以能够正确指示出转子电流。

（2）用钳形表测量小电流的方法。

用钳形电流表测量电流时，虽然具有在不切断电路的情况下进行测量的优点，但是由于其准确度不高，测量时误差较大。尤其是在测量小于5A的电流时，其误差会远远超过允许范围。

为弥补钳形电流表的这一缺陷，实际测量小电流时，可采用下述方法：将被测导线先缠绕几圈后，再放进钳形电流表的钳口内进行测量。但此时钳形电流表所指示的电流值并不是所测的实际值，实际电流值应为钳形电流表的读数除以导线缠线圈数。

2.2.2 指针式万用表

图2-12所示为指针式万用表。万用表的结构形式很多，面板上旋钮、开关的布置也有差异。因此，使用万用表前，应仔细了解和熟悉各操作旋钮、开关的作用，并分清表盘上各条标度尺所对应的被测量。

图2-12 MF64型万用表标度盘

1 机械调零

万用表应水平放置，使用前检查指针是否指在零位上。若未指零，则应调整机械零位调节旋钮，将指针调到零位上。

2 接好测试表笔

应将红色测试笔的插头接到红色接线柱上或标有"＋"号的插孔内，黑色测试表笔的插头接到黑色接线柱上或标有"－"号的插孔内。

3 选择测量种类和量程

有些万用表的测量类型选择旋钮和量程变换旋钮是分开的，使用时应先选择被测量类型，再选择适当量程。如果万用表被测量类型和量程的选择都由一个转换开关控制，则应根据测量对象将转换开关选到需要的位置上，再根据被测量的大小将开关置于适当的量程位置。如果事先无法估计被测量的数值范围，可首先用该被测量的最大量程挡试测，然后逐渐调节，选定适当的量程。测量电压和电流时，万用表指针偏转最好在量程的 1/2～2/3 的范围内；测量电阻时，指针最好在标度尺的中间区域。

④　怎样认读标度盘

测量电阻时应读取标有"Ω"的第一根标度尺（从上到下）上的分度线数字。测量直流电压和直流电流时应读取标有"DC"的第二根和第三根标度尺上的分度线数字，满量程数字是 125 或 10 或 50。测量交流电压，应读取标有"AC"的第四根标度尺上的分度线数字，满量程数字为 250 或 200。标有"h_{fe}"的两根短标度尺，是使用晶体管附件测量三极管共发射极电流放大系数 h_{fe} 的，其中标有"Si"的一根为测量硅三极管的读数标度尺，标有"Ge"的一根为测量锗三极管的读数标度尺。标有"BATT.（RL＝12Ω)"的短标度尺供检查 1.5V 干电池时使用，测量时指针若处在"GOOD"范围内为电力充足，处在"BAD"及以下范围则电池已不可使用。标有"dB"的标度尺只有在测量音频电平时才使用。电平测量使用交流电压挡进行，如果被测对象含有直流成分，则应串入一只 0.1μF/400V 以上的电容器，以隔断直流电压。若使用较高量程，则应加上附加分贝值。

2.2.3　数字式万用表

在使用数字式万用表时，将电源开关钮"ON‐OFF"拨向"ON"一侧，接通电源。用"ZEROADJ"旋钮调零校准，使显示屏显示"000"。用功能转换开关选择被测量的类型和量程。功能开关周围字母和符号的含义分别为"DCV"表示直流电压，"ACV"表示交流电压，"DCA"表示直流电流，"ACA"表示交流电流，"Ω"表示电阻，"→|→"表示二极管测量，"C"表示电容，"JI"表示音响通断检查（与二极管测量同一位置）等，如图 2‐13所示。

图 2‐13　数字式万用表

> **数字式万用表的使用规范：**
>
> （1）不宜在有噪声干扰源的场所（如正在收听收音机和收看电视机的附近）使用。噪声干扰会造成测量不准确和显示不稳定。
> （2）不宜在阳光直射和有冲击的场所使用。
> （3）不宜用来测量数值很大的强电参数。
> （4）长时间不使用应将电池取出，再次使用前应检查内部电池的情况。

（5）被测元器件的引脚氧化或有锈迹，应先清除氧化层和锈迹再测量，否则无法读取正确的测量值。

（6）每次测量完毕，应将转换开关拨到空挡或交流电压最高挡。

2.2.4 兆欧表

兆欧表又称摇表，是专门用来测量电气线路和各种电气设备绝缘电阻的便携式仪表。它的计量单位是兆欧（MΩ），所以称为兆欧表，如图 2-14 所示。

图 2-14 兆欧表

兆欧表的主要组成部分是一个磁电式流比计和一台手摇发电机。发电机是兆欧表的电源，可以采用直流发电机，也可以用交流发电机与整流装置配用。直流发电机的容量很小，但电压很高（100～500V）。磁电式流比计是兆欧表的测量机构，由固定的永久磁铁和可在磁场中转动的两个线圈组成。

当用手摇动发电机时，两个线圈中同时有电流通过，在两个线圈上产生方向相反的转矩，表针就随这两个转矩的合成转矩的大小而偏转某一角度，这个偏转角度取决于上述两个线圈中电流的比值。由于附加电阻的阻值是不变的，所以电流值取决于待测电阻值的大小。

兆欧表的接线柱有三个，一为"线路"（L），二为"接地"（E），三为"屏蔽"（G）。测量电力线路或照明线路的绝缘电阻时，"L"接被测线路，"E"接地线。测量电缆的绝缘电阻时，为使测量结果准确，消除线芯绝缘层表面漏电所引起的测量误差，还应将"G"接线柱引线接到电缆的绝缘层上。

用兆欧表摇测电气设备对地绝缘电阻时，其正确接线应该是"L"端子接被试设备导体，"E"端子接地（即接地的设备外壳），否则将会产生测量误差。

另外，一般兆欧表的"E"端子及其内部引线对外壳的绝缘水平比"L"端子要低一些，通常兆欧表是放在地上使用的。因此，"E"对表壳及表壳对地有一个绝缘电阻 R_f，当采用正确接线时，R_f 是被短路的，不会带来测量误差。但如果将引线反接，即"L"接地，使"E"对地的绝缘电阻 R_f 与被测绝缘电阻 R_x 并联，造成测量结果变小，特别是当"E"端绝缘不好时将会引起较大误差。

由分析可见，使用兆欧表时必须采用"L"接被测导体、"E"接地、"G"接屏蔽的正确接线。

兆欧表的使用规范:

(1) 测量设备的绝缘电阻时,必须先切断设备的电源。

(2) 兆欧表应放在水平位置,在未接线之前,先摇动兆欧表看指针是否指在"∞"处,再将"L"和"E"两个接线柱短路,慢慢地摇动兆欧表,看指针是否指在"零"处(对于半导体型兆欧表不宜用短路校验)。

(3) 兆欧表引线应用多股软线,而且应有良好的绝缘。

(4) 在摇测绝缘时,应使兆欧表保持额定转速,一般为 120r/min。当被测设备电容量较大时,为了避免指针摆动,可适当提高转速(如 130r/min)。

(5) 被测设备表面应擦拭洁净,不得有污物,以免漏电影响测量的准确度。

(6) 兆欧表的测量引线不能绞在一起。

(7) 测量绝缘电阻时,要遥测 1min。

兆欧表的测量接线如图 2-15 所示。

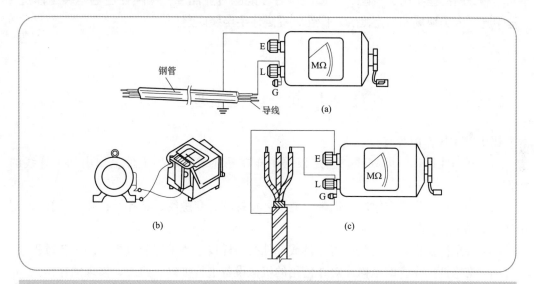

图 2-15 兆欧表的测量接线

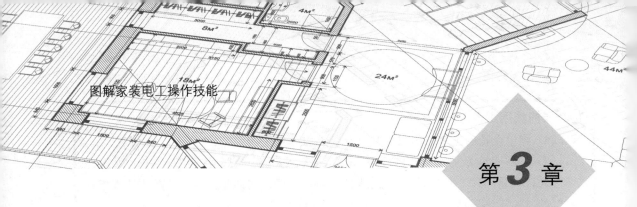

第**3**章

电 工 必 备 技 能

 本 章 要 点

熟练掌握基本钳工技能，以适应一专多能的专业需求，保障在住宅电装工作过程中施工人员现场的"无接缝"操作，提高住宅电装质量。

🏠 **3.1 钳 工 技 能**

钳工基本操作内容有：

（1）辅助性操作，即划线，它是根据图样在毛坯或半成品工件上划出加工界线的操作。

（2）切削性操作，有錾削、锯削、锉削、攻螺纹、套螺纹、钻孔（扩孔、铰孔）、刮削和研磨等多种操作。

（3）装配性操作，即装配，将零件或部件按图样技术要求组装成机器的工艺过程。

（4）维修性操作，即维修，对在使用的机械设备进行维修、检查、修理的操作。

（5）普通钳工的工作范围：

1）加工前的准备工作，如清理毛坯、毛坯或半成品工件上的划线等。

2）单件零件的修配性加工。

3）零件装配时的钻孔、铰孔、攻螺纹和套螺纹等。

4）加工精密零件，如刮削或研磨机器、量具和工具的配合面、夹具与模具的精加工等。

5）零件装配时的配合修整。

6）机器的组装、试车、调整和维修等。

3.1.1 锯割

利用钢锯锯断金属材料（或工件）或在工件上进行切槽的操作称为锯割。手工锯割是钳工需要掌握的操作技能之一。

❶ 锯条

手锯切割所用的锯包括锯弓和锯条两部分。锯弓又可分为固定式和可调式两种。固定式锯弓的弓架是整体的，只能装一种长度规格的锯条。

锯条一般用碳素工具钢或合金钢制成，并经热处理脆硬。锯条规格以锯条两端安装孔间的距离表示，常用的手工锯条长 300mm、宽 12mm、厚 0.8mm。锯条的切削部分是由许多锯齿组成的，锯齿按一定形状左右错开，排列成一定的形状，称为锯路。其作用是使锯缝宽度大于锯条背部的厚度，防止锯割时锯条卡在锯缝中，减小锯条和锯缝的摩擦阻力，并使排屑顺利，锯割省力，提高工作效率。

锯条的规格与应用见表 3-1。

表 3-1   锯 条 的 规 格 与 应 用

规格	每 25.4mm 长度内齿数	齿锯（mm）	应　　用
粗	14～18	1.4～1.8	锯割软钢、黄铜、铸铁、纯铜、人造胶质材料
中	22～24	1.1 左右	锯割中等硬钢、厚壁的钢管
细	32	0.8～0.9	薄片金属、薄壁管子
细变中	30～20	—	易于起锯

机械锯割时，若使钢锯产生超声振动，则可以减小锯削力、锯削热，破坏锯削中产生积屑瘤的条件，从而大大延长锯条的寿命，并提高切割质量。由于锯削力的减小，还可进一步减小锯口宽度，减少原材料的消耗。

❷ 锯割工件的夹持

（1）工件尽可能夹持在台虎钳的左面，以方便操作。

（2）锯割线应与钳口垂直，以防锯斜。

（3）锯割线离钳口不应太远，以防锯割时产生颤抖。

（4）工件夹持应稳当、牢固，不可有抖动，以防锯割时工件移动，而使锯条折断。

（5）防止夹坏已加工表面和工件变形。

锯割工件的夹持如图 3-1 所示。

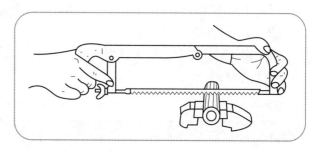

图 3-1　锯割工件的夹持

❸ 起锯

起锯的方式有远边起锯［见图 3-2（a）］和近边起锯［见图 3-2（c）］两种。一般情况采用远边起锯，因为此时锯齿是逐步切入材料，不易卡住，起锯比较方便。起锯角度不要太大［见图 3-2（b）］，起锯角 α 以 15°左右为宜。为了起锯的位置正确和平稳，可用左手拇指挡住锯条来定位。起锯时压力要小，往返行程要短，速度要慢，这样可使起锯平稳。

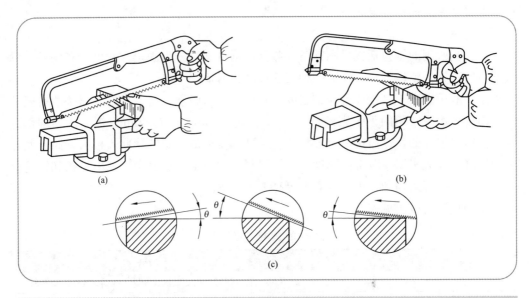

图 3-2　起锯的方式
(a) 远边起锯；(b) 近边起锯；(c) 起锯角度

锯割操作经验指导：

(1) 锯割时操作人员的姿势应便于用力。人体的重量均匀分在两腿上。右手稳握锯柄，左手扶在锯弓前端，锯割时推力和压力主要由右手控制。

(2) 推锯时弓运动方式有两种：一种是直线运动，适用于锯缝底面要求平直的槽和薄壁工件的锯割；另一种是锯弓做上、下摆动，这样操作自然，两手不易疲劳。手锯在回程中不进行切削，因此不要施加压力，以免锯齿磨损。在锯割过程中锯齿崩落后，应将邻近几个齿都磨成圆弧，才可继续使用，否则会连续崩齿，直至锯条报废。

④　锯条损坏和锯割质量

锯条损坏形式主要有锯条折断、锯条崩裂、锯齿过早磨钝。锯条损坏产生的原因及预防方法见表 3-2。

表 3-2　　　　　　　　　　　锯条损坏产生的原因及预防方法

锯条损坏形式	原因	预防方法
锯条折断	(1) 锯条装得过紧、过松 (2) 工件夹装不准确，产生松动 (3) 锯缝歪斜，强行纠正 (4) 压力太大，起锯较猛 (5) 旧锯缝使用新锯条	(1) 注意装得松紧适当 (2) 工件夹牢，锯缝应靠近钳口 (3) 扶正锯弓，按线锯割 (4) 压力适当，起锯较慢 (5) 调换厚度合适的新锯条，调转工件再锯
锯条崩裂	(1) 锯条粗细选择不当 (2) 起锯角度和方向不对 (3) 突然碰到砂眼、杂质	(1) 正确选用锯条 (2) 选用正确的起锯方向及角度 (3) 碰到砂眼、杂质时应减小压力
锯齿过早磨钝	(1) 锯割速度太快 (2) 锯割时未加冷却液	(1) 锯割速度适当减慢 (2) 可选用冷却液

3.1.2 锉削

锉削是用锉刀对工件表面进行锉削加工，使工件达到所要求的尺寸、形状和表面粗糙度的加工方法。

① 锉削时的站立姿势与锉刀的握法

锉削时身体与钳口平行线呈 45°，左脚与钳口中垂线呈 30°夹角，右脚与中垂线呈 75°夹角，左右两脚之间距离为 250～300mm。在刚接触锉削加工件时，容易出现身体角度不到位现象，影响锉削运动的准确性以及锉削技能的提高。

在台钳底座上按不同的角度来固定身体和脚的位置角度。两脚之间的距离可以用在角度选择正确后右脚跟旋转可以触及左脚后跟，即一个脚掌的距离来调整到最佳状态。

图 3-3 所示为不同锉刀的握法。

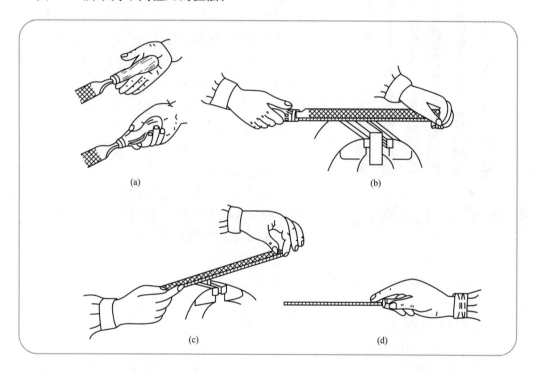

图 3-3 不同锉刀的握法
（a）右手握法；（b）大锉刀两手握法；（c）中锉刀两手握法；（d）小锉刀握法

② 锉削起步

锉削动作开始时，身体预先前倾 10°，锉刀运行到 1/3 处身体前倾 15°。锉削运动对体能的要求十分严格，尤其在粗锉阶段，体力消耗最大，所以如何掌握力量的正确运用对锉削速度和精度都十分关键。

锉削起步，尤其是粗锉阶段，刚开始的行程一定是要用整个身体的力量来带动锉刀向前运行。粗锉起步时身体先向前运行，左腿稍微弯曲，右腿用力，身体带动手臂，手臂带动锉刀。感觉锉刀握住部位力量增加，将全身的力量都集中到手臂上后再开始锉刀运行。这样可以在大运动量的情况下节约体力，提高整个工件的加工速度，确保在细锉和精修阶段操作者的体力及工件的精度。

③ 回程动作

当锉刀运行到2/3处时，手臂带动锉刀向前运行，身体回到起步动作，倾斜15°。回程动作是在锉削中掌握比较困难的动作。解决方法是可以在锉刀长度方向上标注出2/3处。当锉刀在工件上运行到标注位置，身体与手臂呈现反向运动，双手臂前伸将锉刀送出完成最后1/3动作，左腿由弯曲状态变为伸直，带动身体返回初始状态。

图 3-4 常用普通锉刀

④ 锉刀

常用的普通锉刀有平锉（又称板锉）、方锉、三角锉、半圆锉和圆锉等，如图3-4所示。锉刀的齿纹有单齿纹和双齿纹两种。锉削软金属时使用单齿纹锉刀，其他场合多使用齿纹锉刀。双齿纹又分粗、中、细三种。粗齿锉刀一般用于锉削软金属材料及加工余量大或精度、粗糙度要求不高的工件，细齿锉刀则用于与粗齿锉刀相反的场合。

⑤ 锉削操作

（1）锉刀握法。锉刀大小、形状和使用要求不同，它的握法也不一样。

1）较大型锉刀握法。右手握锉刀的木柄，柄端顶在拇指根部的手掌上，拇指放在锉刀木柄上，其余四个手指自然地握着木柄。

锉削操作经验指导：

① 将左手掌横放在锉刀的前端，拇指腰部轻压在锉刀头上，其余手指卷曲，用食指和拇指抵住锉刀头右下方。

② 左手掌斜放在锉刀前端，五个手指自然地平放。

③ 左手掌斜放在锉刀前端，拇指平放，其余四指自然卷曲。

2）中型锉刀握法。由于锉刀不大，又要在锉刀上施力，只能用左手拇指、食指和中指捏住锉刀前端，用右手拇指施加压力。

3）小型锉刀握法。由于锉刀小，只能将左手拇指以外的四个手指放在锉刀上面。

4）最小型锉刀握法。握最小型锉刀时，只能用右手握木柄，食指放在锉刀面上。

（2）锉削的站立姿势。锉削时与锯割时站立的姿势相同。

锉削操作经验指导：锉削时，要充分利用锉刀长度，使锉齿充分参与锉削。锉削动作由身体和手臂的运动组成。开始锉削时，身体向前倾10°左右。右肘尽量向后缩；锉削1/3行程时，身体前倾到15°左右，此时左膝稍有弯曲；再往前锉削1/3行程时，身体再向前倾到18°左右；最后1/3行程，右手腕将锉刀推进，身体随着锉刀的反作用力退回到15°左右。

锉削推进行程结束后，把锉刀稍抬高一点，使锉刀不接触工件，此时身体和手都回到最初位置。

❻ 工件夹持

如图 3-5 所示，工件应夹在台虎钳的钳口中心，伸出部分应尽量低，以免锉削时产生振动。工件既要夹持牢固，又不使工件变形。夹持已加工或精度较高的工件时，应在钳口与工件之间垫入铜皮或其他软金属保护衬垫。对于表面不规则的工件，夹持时要用垫块垫平夹稳。对于大而薄的工件，可用两根长度相适应的角钢将其夹在中间，再一起夹在钳口上。

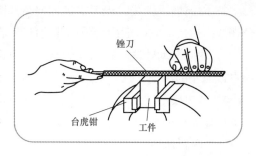

图 3-5 锉销时的工件夹持

❼ 锉法

（1）锉销时基本标准：

1）粗加工锉削（粗锉）：当加工余量大于 0.5mm 时，一般选用 300、350mm 的粗齿、中齿锉刀进行大切削量加工，以去除工件余量较多部分。

2）细加工锉削（细锉）：当加工余量介于 0.5～0.1mm 时，一般选用 250、300mm 的细齿锉刀进行小切削量加工，以接近工件的要求尺寸。

3）精加工锉削（精锉）：当加工余量小于 0.1mm 时，一般选用 200、250mm 的细齿、双细齿锉刀以及整形锉刀对工件进行修整性加工，以达到工件要求尺寸。

4）全程锉削：锉刀推进时，其行程长度基本接近锉刀面长度。它一般用于粗锉和细锉加工。

5）短程锉削：锉刀推进时，其行程长度仅为锉刀面长度的 1/2～1/4。它一般用于精锉加工。

（2）平面锉法：

1）纵向锉法：锉刀推进方向与工件表面纵向中心线平行的锉削方法。

2）横向锉法：锉刀推进方向与工件表面纵向中心线垂直的锉削方法。

3）交叉锉法：锉刀推进方向与工件表面纵向中心线相交一角度 a（$35°～75°$），并换向 $90°$ 锉削以获得交叉锉纹的锉削方法，如图 3-6 所示。

4）横推锉法：锉刀刀体与工件表面纵向中心线垂直，且推进方向与之平行的锉削方法，如图 3-7所示。

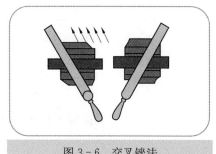

图 3-6 交叉锉法

（3）主动锉法：将扁锉刀作为被动体夹持在台虎钳上，将形体较小的工件作为主动体用手握持放在锉刀面上，采用纵向推动或拉动进行加工的锉削方法。

（4）外圆弧面锉法：

1）轴向展成锉法：锉刀推进方向与外圆弧面轴线平行，将圆弧加工界线外的余量部分锉成多边形。它一般用于外圆弧面的粗锉加工。

2）周向展成锉法：锉刀推进方向与外圆弧面轴线垂直，将圆弧加工界线外的余量部分锉成多边形。它一般用于外圆弧面的粗锉加工。

3）轴向滑动锉法：锉刀在做与外圆弧面轴线平行方向的推进时，同时做沿外圆弧面向右或向左的滑动。它一般用于外圆弧面的精锉加工。

4）周向摆动锉法：锉刀在做与外圆弧面轴线垂直方向的推进时，右手同时做沿圆弧面下压锉刀柄的摆动。它一般用于外圆弧面的精锉加工。

（5）内圆弧面锉法：

1）合成锉法：用圆锉刀或半圆锉刀加工内圆弧面时，锉刀同时完成三种运动，即锉刀与内圆弧面轴线平行的推进、锉刀刀体的自身旋转（顺时针或逆时针方向）以及锉刀沿内圆弧面向右或向左的滑动。它一般用于内圆弧面的粗锉加工。

2）横推滑动锉法：圆锉刀、半圆锉刀的刀体与内圆弧面轴线平行，推进方向与之垂直，沿内圆弧面进行滑动锉削。它一般用于内圆弧面的精锉加工。

（6）球面基本锉法：

1）纵倾横向滑动锉法：锉刀根据球形半径 SR 摆好纵向倾斜角度 a，并在运动中保持稳定。锉刀推进时，刀体同时做自左向右的滑动。注意：可将球面大致分为 4 个区域进行对称锉削，依次循环锉削至球面顶点。

2）侧倾垂直摆动锉法：锉刀根据球形半径 SR 摆好侧倾角度 a，并在运动中保持稳定。锉刀推进时，右手同时做垂直下压锉刀柄的摆动。图 3-8 所示为滚锉法。

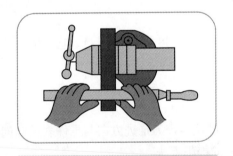

图 3-7 横推锉法

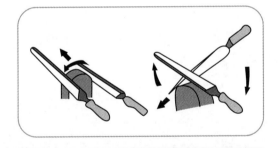

图 3-8 滚锉法

⑧ 锉削平面度的检验方法

检验工具有刀口尺、直角尺、游标角度尺等。刀口尺、直角尺可检验工件的直线度、平面度及垂直度。

（1）将刀口尺垂直紧靠在工件表面，并在纵向、横向和对角线方向逐次检查，如图 3-9 所示。

（2）检验时，如果刀口尺与工件平面透光微弱而均匀，则该工件平面度合格；如果进光强弱不一，则说明该工件平面凹凸不平。可在刀口尺与工件紧靠处用塞尺插入，根据塞尺的厚度即可确定平面度的误差，如图 3-10 所示。

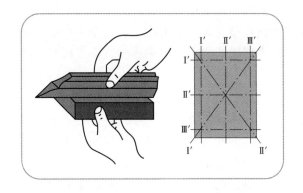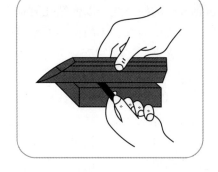

| 图 3-9　用刀口尺检查平面度 | 图 3-10　用塞尺检查平面度误差 |

锉削废品的类型、产生原因及预防措施见表 3-3。

表 3-3　　　　　　　　　　锉削废品的类型、产生原因及预防措施

废品	产品原因	预防措施
工件夹坏	(1) 没有垫衬 (2) 薄而大的工件未夹好 (3) 夹紧力太大	(1) 在台虎钳钳口放置垫衬 (2) 用辅具增加工件刚性，增加支撑点 (3) 夹紧力不宜太大，空心处垫入垫衬或辅具
工件形状不准确	(1) 划线错误 (2) 思想不集中，用力不均匀	(1) 看清图纸，正确划线 (2) 锉削时思想要集中，锉削的力度要掌握好，边锉边测量
工件表面不光洁	(1) 锉纹粗细选择不当 (2) 粗锉时留下锉痕太深 (3) 锉屑嵌在锉纹中未清除	(1) 正确选用粗、中、细锉纹的锉刀 (2) 不要操之过急，边锉边观察 (3) 经常清理锉刀，保持锉齿锋利
工件表面呈凸圆弧形	(1) 操作时锉刀上下摇摆 (2) 锉刀面不呈凸形	(1) 掌握准确的锉削姿势，采用交叉锉法 (2) 选用锉刀面略呈凸形的锉刀
擦伤和锉掉了不需锉削的工件表面	(1) 没有选用光边锉刀 (2) 锉刀打滑	(1) 垂直面锉削，必须选用光边锉刀 (2) 锉削时思想要集中，并及时清除工件上的油污

3.1.3　钻孔

❶　准确划线

钻孔前，首先应熟悉图样要求，加工好工件的基准；一般基准的平面度≤0.04mm，相邻基准的垂直度≤0.04mm。按钻孔的位置尺寸要求，使用高度尺划出孔位置的十字中心线，要求线条清晰准确；线条越细，精度越高。由于划线的线条总有一定的宽度，而且划线的一般精度可达到 0.25~0.5mm，所以划完线后要使用游标卡尺或钢板尺进行检验。

② 划检验方格或检验圆

划完线并检验合格后，还应划出以孔中心线为对称中心的检验方格或检验圆，作为试钻孔时的检查线，以便钻孔时检查和找正钻孔位置，一般可以划出几个大小不一的检验方格或检验圆。小的检验方格或检验圆略大于钻头横刃，大的检验方格或检验圆略大于钻头直径。

③ 打样冲眼

划出相应的检验方格或检验圆后应认真打样冲眼。首先打一小点，在十字中心线的不同方向仔细观察，样冲眼是否打在十字中心线的交叉点上，最后把样冲眼用力打正打圆打大，以便准确落钻定心。这是提高钻孔位置精度的重要环节，样冲眼打正了，就可使钻心的位置正确，钻孔一次成功；打偏了，则钻孔也会偏，所以必须找正补救，经检查孔样冲眼的位置准确无误后方可钻孔。

打样冲眼经验指导：将样冲倾斜着且样冲尖放在十字中心线上的一侧向另一侧缓慢移动，移动中，当感觉到某一点有阻塞时，停止移动并直立样冲，就会发现这一点就是十字中心线的中心；此时在这一点打出的样冲眼就是十字中心线的中心，也可以多试几次，就会发现样冲总会在十字中心线的中心处有阻塞的感觉。

④ 台钻夹具

擦拭干净台钻台面、夹具表面、工件基准面，将工件夹紧，要求装夹平整、牢靠，便于观察和测量，如图 3-11 所示。应注意工件的装夹方式，以防工件因装夹而变形。

图 3-11 台钻夹具

⑤ 试钻

钻孔前必须先试钻：使钻头横刃对准孔中心样冲眼钻出一浅坑，然后目测该浅坑位置是否正确，并要不断纠偏，使浅坑与检验圆同轴。如果偏离较小，可在起钻的同时用力将工件向偏离的反方向推移，达到逐步校正。如果偏离过多，可以在偏离的反方向打几个样冲眼或用錾子錾出几条槽，这样做的目的是减小该部位切削阻力，从而在切削过程中使钻头产生偏离，调整钻头中心和孔中心的位置。试钻切去錾出的槽，再加深浅坑，直至浅坑和检验方格或检验圆重合后，达到修正的目的再将孔钻出。

操作提示：无论采用什么方法修正偏离，都必须在锥坑外圆小于钻头直径之前完成。如果不能完成，在条件允许的情况下，还可以在背面重新划线重复以上操作。

⑥ 钻孔

钳工钻孔常以手动进给操作为主，当试钻达到钻孔位置精度要求后，即可进行钻孔。手动进给时，进给力量不应使钻头产生弯曲现象，以免孔轴线歪斜。钻小直径孔或深孔时，要经常退钻排屑，以免切屑阻塞而扭断钻头。一般在钻孔深度达直径的 3 倍时，一定要退钻排屑。此后，每钻进一些就应退屑，并注意冷却润滑。钻孔的表面粗糙度值要求很小时，还可以选用3％～5％乳化液、7％硫化乳化液等起润滑作用的冷却润滑液。

图 3-12 所示为普通台钻。具体使用操作时应详细阅读台钻的使用说明书，保证安全可靠的操作。

钻孔时，因工件装夹不当、钻头类型和钻削用量选得不合适、钻头刃磨得不良等，造成工件报废。钻孔废品的类型及产生原因见表 3-4，钻削过程中钻头损坏类型及原因见表 3-5。

图 3-12 普通台钻

表 3-4   钻孔废品的类型及产生原因

废品类型	产 生 原 因
钻孔呈多角形	(1) 钻头后角太大 (2) 钻头两切削刃有长有短，角度不对称
孔径大于规定尺寸	(1) 钻头两切削刃有长有短，中心偏移 (2) 钻头摆动
孔壁粗糙，光洁度低	(1) 钻头不锋利，两边不对称 (2) 钻头后角太大 (3) 进给量太大 (4) 切削液润滑性差或供给不足
钻孔位置偏移或歪斜	(1) 工件夹紧不当或夹紧不牢固 (2) 钻头横刃太长，定心不稳 (3) 工件与钻头不垂直，钻床主轴与工作台面不垂直 (4) 进给量太大，小直径钻头本身弯曲

表 3-5   钻头损坏类型及原因

损坏类型	原 因
工作部分折断	(1) 使用磨损的钝钻头钻孔 (2) 进给量太大 (3) 未及时排除切削 (4) 孔刚钻穿时，进刀的阻力突然降低，使进给量突然增大 (5) 工件装夹不紧 (6) 钻铸件时钻头碰到缩孔和砂眼
切削刃迅速磨损	(1) 切削速度过高 (2) 钻头刃角度与工件硬度不适应

3.1.4 攻螺纹、套螺纹

① 攻螺纹

攻螺纹（亦称攻丝）是用丝锥在工件内圆柱面上加工出内螺纹。攻螺纹前底孔大小的确定如下。

攻螺纹直径为

$$d = D - P$$

式中　D——内螺纹大径，mm；

　　　P——螺距，mm。

（1）丝锥。如图3-13所示，丝锥是用来加工较小直径内螺纹的成形刀具。丝锥一般选用合金工具钢9SiGr制成，并经热处理制成。通常M6～M24的丝锥一套为两支，称为头锥、二锥；M6以下及M24以上的丝锥一套有三支，即头锥、二锥和三锥。

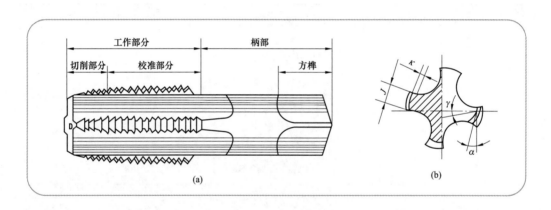

图3-13　丝锥

每个丝锥都由工作部分和柄部组成。工作部分由切削部分和校准部分组成。轴向有几条（一般是三条或四条）容屑槽，相应地形成几瓣刀刃（切削刃）和前角。切削部分（即不完整的牙齿部分）是切削螺纹的重要部分，常磨成圆锥形，以便使切削负荷分配在几个刀齿上。头锥的锥角小些，有5～7个牙；二锥的锥角大些，有3～4个牙。校准部分具有完整的牙齿，用于修光螺纹和引导丝锥沿轴向运动。柄部有方头，其作用是与铰杠相配合并传递扭矩。

（2）铰杠。如图3-14所示，铰杠是用来夹持丝锥的工具，常用的是可调式铰杠。旋转手柄即可调节方孔的大小，以便夹持不同尺寸的丝锥。铰杠长度应根据丝锥尺寸大小进行选择，以便控制攻螺纹时的扭矩，防止丝锥因施力不当而扭断。

（3）攻螺纹前底孔直径和钻孔深度的确定以及孔口的倒角。

1）底孔直径的确定。丝锥在攻螺纹的过程中，切削刃主要切削金属，但还有挤压金

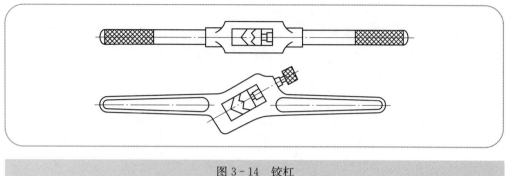

图 3-14 铰杠

属的作用，因而造成金属凸起并向牙尖流动的现象，所以攻螺纹前，钻削的孔径（即底孔）应大于螺纹内径。

底孔的直径可查手册或按下面的经验公式计算：

对于脆性材料（如铸铁、青铜等）有

$$钻孔直径 d_0 = d(螺纹外径) - 1.1p(螺距)$$

对于塑性材料（如钢、紫铜等）有

$$钻孔直径 d_0 = d(螺纹外径) - p(螺距)$$

2）钻孔深度的确定。攻盲孔（不通孔）的螺纹时，因为丝锥不能攻到底，所以孔的深度要大于螺纹的长度。盲孔的深度可按下面的公式计算：

$$孔的深度 = 所需螺纹的深度 + 0.7d$$

3）孔口倒角。攻螺纹前要在钻孔的孔口进行倒角，以利于丝锥的定位和切入。倒角的深度大于螺纹的螺距。

攻螺纹操作经验指导：

（1）根据工件上螺纹孔的规格，正确选择丝锥，先头锥后二锥，不可颠倒使用。

（2）工件装夹时，要使孔中心垂直于钳口，防止螺纹攻歪。

（3）用头锥攻螺纹时，先旋入 1～2 圈后，要检查丝锥是否与孔端面垂直（可目测或用直角尺在互相垂直的两个方向检查）。当切削部分已切入工件后，每转 1～2 圈应反转 1/4 圈，以便切屑断落；同时不能再施加压力（即只转动不加压），以免丝锥崩牙或攻出的螺纹齿较瘦。

（4）攻钢件上的内螺纹，要加机油润滑，可使螺纹光洁、省力和延长丝锥使用寿命；攻铸铁上的内螺纹，可不加润滑剂或者加煤油；攻铝及铝合金、紫铜上的内螺纹，可加乳化液。

（5）不要用嘴直接吹切屑，以防切屑飞入眼内。

攻螺纹操作示意图如图 3-15 所示。

攻螺纹常见质量缺陷及产生原因见表 3-6。

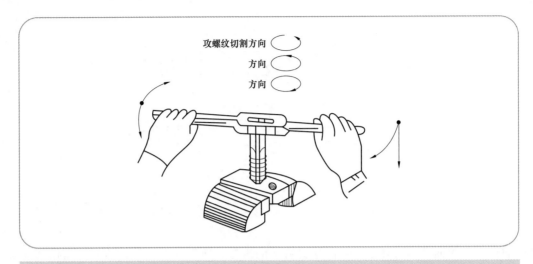

图 3-15　攻螺纹操作示意图

表 3-6　　　　　　　　　　　攻螺纹常见质量缺陷及产生原因

缺陷类型	产 生 原 因
烂牙	(1) 底孔太小 (2) 头攻和二锥不重合 (3) 铰杠掌握不稳，造成丝锥左右摇摆，形成孔口烂牙 (4) 底孔已经钻歪，再用丝锥勉强校正，但校正不过来 (5) 攻螺纹时，丝锥未经常倒转，使切屑卡住刃口 (6) 丝锥攻到底后，仍继续旋转 (7) 攻螺纹时碰到较大的砂眼，丝锥打滑 (8) 丝锥的切屑刃磨得很不对称 (9) 没有加合适的润滑油
螺孔歪斜	丝锥和工件端面不垂直
螺纹中径大（齿形瘦）	(1) 丝锥攻入底孔后，仍对丝锥施加压力 (2) 攻螺纹时丝锥摆动 (3) 丝锥的切削刃磨得不对称
螺纹表面粗糙度低	(1) 丝锥磨损 (2) 丝锥本身质量不佳 (3) 攻螺纹时，丝锥未经常反转 (4) 没有加润滑液，或所加的润滑液不合适
螺纹牙深不够	(1) 底孔直径过大 (2) 丝锥磨损

❷　套螺纹

利用圆板牙在圆柱体的外表面上加工出外螺纹的操作称为套螺纹。

(1) 板牙和板牙架。

1) 板牙。板牙是加工外螺纹的刀具，用合金工具钢 9SiGr 制成，并经热处理淬硬。板牙外形像一个圆螺母，只是上面钻有 3～4 个排屑孔，并形成刀刃。

板牙由切屑部分、定位部分和排屑孔组成。圆板牙螺孔的两端有 40°的锥度部分，是板牙的切削部分。定位部分起修光作用。板牙的外圆有一条深槽和四个锥坑，锥坑用于定位和紧固板牙。

2）板牙架。板牙架是用来夹持板牙、传递扭矩的工具。不同外径的板牙应选用不同的板牙架。

（2）套螺纹前圆杆直径的确定和圆杆端部的倒角。

1）圆杆直径的确定。与攻螺纹相同，套螺纹时有切削作用，也有挤压金属的作用。故套螺纹前必须检查圆杆直径。圆杆直径应稍小于螺纹的公称尺寸，圆杆直径可查表或按经验公式计算，即

$$圆杆直径 = 螺纹外径\ d - (0.13 \sim 0.2)\ 螺距\ p$$

2）圆杆端部的倒角。套螺纹前圆杆端部应倒角，使板牙容易对准工件中心，同时也容易切入。倒角长度应大于一个螺距，斜角为 $15° \sim 30°$。

套螺纹操作经验指导：

（1）每次套螺纹前应将板牙排屑槽内及螺纹内的切屑清除干净。

（2）套螺纹前要检查圆杆直径大小和端部倒角。

（3）套螺纹时切削扭矩很大，易损坏圆杆已加工面，所以应使用硬木制的 V 形槽衬垫或使用厚铜板作保护片来夹持工件。工件伸出钳口的长度，在不影响螺纹要求长度的前提下，应尽量短。

（4）套螺纹时，板牙端面应与圆杆垂直，操作时用力要均匀。开始转动板牙时，要稍加压力，套入 $3 \sim 4$ 牙后，可只转动而不加压，并经常反转，以便断屑。

（5）在钢制圆杆上套螺纹时要加机油润滑。

图 3 - 16 所示为套螺纹操作演示图。

套螺纹常见质量缺陷及产生原因见表 3 - 7。

表 3 - 7　　　　　　　　　　　　**套螺纹常见质量缺陷及产生原因**

缺陷类型	产生原因
烂牙	（1）工件直径偏大 （2）板牙磨钝 （3）切屑堵塞 （4）板牙严重歪斜，校正用力过猛造成烂牙 （5）铰杠左右摇摆 （6）未加入合适的润滑液
螺孔歪斜	（1）板牙端面与工件轴线不垂直 （2）用力不均，铰杠歪斜
螺纹中径大（齿形瘦）	（1）板牙已切入，仍施加压力 （2）多次纠正板牙端面与圆杆的不垂直 （3）活动板牙、开口后的圆板牙尺寸调节过小
螺纹牙深不够	（1）工件直径过小 （2）活动板牙、开口后的圆板牙尺寸调节过大

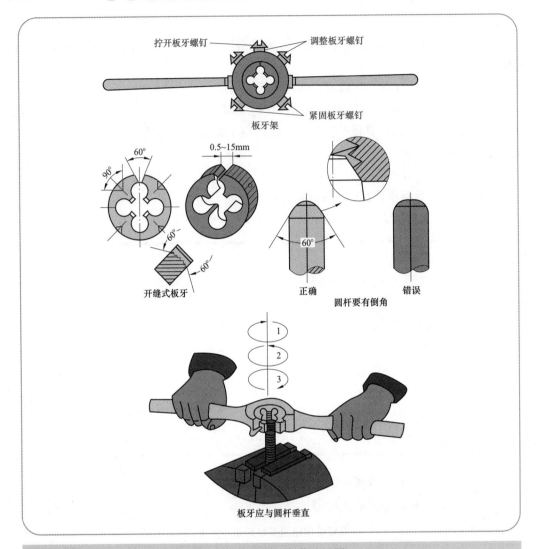

图 3-16 套螺纹操作演示图

3.1.5 研磨

用研磨工具和研磨剂，从工件上研去一层极薄表面层的精加工方法称为研磨。经研磨后的表面粗糙度 $Ra = 0.8 \sim 0.05 \mu m$。研磨有手工操作和机械操作。

❶ 研具

研具的形状与被研磨表面一样。如平面研磨，则磨具为一块平块。研具材料的硬度一般都要比被研磨工件材料低。但也不能太低，否则磨料会全部嵌进研具而失去研磨作用。灰铸铁是常用研具材料（低碳钢和铜亦可用）。

❷ 研磨剂

（1）研磨剂。研磨剂是由磨料和研磨液调和而成的混合剂。

（2）磨料。它在研磨中起切削作用。常用的磨料有：钢玉类磨料——用于碳素工具钢、合金工具钢、高速钢和铸铁等工件的研磨；碳化硅磨料——用于研磨硬质合金、陶瓷等高硬度工件，亦可用于研磨钢件；金钢石磨料——它的硬度高，实用效果好但价格昂贵。

（3）研磨液。它在研磨中起调和磨料、冷却和润滑的作用。常用的研磨液有煤油、汽油、工业用甘油和熟猪油。

平面的研磨一般是在平面非常平整的平板（研具）上进行的，如图 3-17 所示。粗研常用平面上制槽的平板，这样可以把多余的研磨剂刮去，保证工件研磨表面与平板均匀接触，同时可使研磨时的热量从沟槽中散去。精研时，为了获得较小的表面粗糙度，应在光滑的平板上进行。

研磨时要使工件表面各处都受到均匀的切削，手工研磨时合理的运动轨迹对提高研磨效率、工件表面质量和研具耐用度都有直接影响。手工研磨时一般采用直线、螺旋形、8 字形等几种。8 字形研磨常用于研磨小平面工件。

图 3-17　研磨平板

研磨操作经验指导：研磨前，应先做好平板表面的清洗工作，加上适当的研磨剂，把工件需研磨表面合在平板表面上，采用适当的运动轨迹进行研磨。研磨中的压力和速度要适当，一般在粗研磨或研磨硬度较小工件时，可用大的压力、较慢的速度进行研磨；而在精研磨时或对大工件研磨时，就应用小的压力、快的速度进行研磨。

🏠 3.2　电气焊的操作

3.2.1　电焊机的安全操作

（1）电焊机作业前，应清除上下两电极的油污。通电后，机体外壳应无漏电。

（2）电焊机启动前，应首先接通控制线路的转向开关和焊接电流的小开关，调整好极数，然后接通水源、气源，最后接通电源。

（3）电焊机通电后，应检查电气设备、操作机构、冷却系统、气路系统及机体外壳有无漏电现象。电极触头应保持光洁。有漏电时，应立即更换。

（4）电焊机作业时，气路、水冷系统应畅通，气体应保持干燥，排水温度不得超过 40℃，排水量可根据气温调节。

（5）严禁在引燃电路中加大熔断器。当负载过小使引燃管内电弧不能发生时，不得闭合控制箱的引燃电路。

（6）当控制箱长期停用时，每月应通电加热 30min。更换闸流管时应加热 30min。正常工作的控制箱的预热时间不得小于 5min。

（7）焊接操作及配合人员必须按规定穿戴劳动防护用品，并采取防止触电、高空坠落、瓦斯中毒和火灾等事故发生的安全措施。

（8）电焊机现场使用时，应防雨、防潮、防晒，并应配备相应的消防器材。

（9）在高空焊接或切割时，操作人员必须系好安全带，焊接周围和下方应采取防火措施，并应有专人监护。

（10）当操作人员清除焊缝焊渣时，应戴防护眼镜，头部应避开敲击焊渣飞溅方向。

（11）电焊机必须安全使用。例如，雨天不得在露天电焊。在潮湿地带作业时，操作人员应站在垫有绝缘物的地方，并穿绝缘鞋。

图 3-18 为电焊机基本电路原理图，图 3-19 为典型电焊机外形。

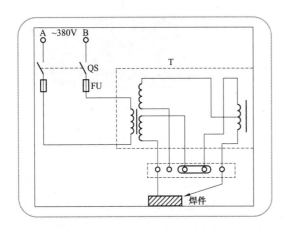

图 3-18　电焊机基本电路原理图

图 3-19　典型电焊机外形

3.2.2　电焊的基本操作

电焊操作是在面罩下观察和进行的。由于视野不清，工作条件较差，因此要保证焊接质量，不仅要有较为熟练的操作技术，还应高度集中注意力。

操作经验指导：初学者练习时电流调整要合适，焊条要对正，电弧要短，焊速不要快，力求均匀。

焊接前，应把工件接头两侧 20mm 范围内的表面清理干净（如消除铁锈、油污、水分），并使焊条芯的端部金属外露，以便进行短路引弧。引弧方法有敲击法和划擦法两种，其中划擦法比较容易掌握，适合初学者引弧操作。

❶ 引弧

（1）划擦法。先将焊条对准焊件，再将焊条像划火柴似的在焊件表面轻轻划擦，引燃电弧，然后迅速将焊条提起 2~4mm，并使之稳定燃烧。

（2）敲击法。将焊条末端对准焊件，然后手腕下弯，使焊条轻微碰一下焊件，再迅速将焊条提起 2~4mm，引燃电弧后手腕放平，使电弧保持稳定燃烧。这种引弧方法不会使焊件表面划伤，又不受焊件表面大小、形状的限制，所以它是焊接过程中主要采用的引弧方法。但这种引弧方法操作不易掌握，需提高熟练程度。

> **引弧经验指导：**
> （1）引弧处应无油污、水锈，以免产生气孔和夹渣。
> （2）焊条在与焊件接触后提升速度要适当，太快难以引弧，太慢焊条和焊件黏在一起造成短路。

②　运条

运条是焊接过程中最重要的环节，它直接影响焊缝的外表成形和内在质量。电弧引燃后，在正常操作面上焊条有几个基本运动：朝熔池方向逐渐送进、沿焊接方向逐渐移动、横向摆动。

（1）直线形运条法。采用这种运条方法焊接时，焊条不做横向摆动，沿焊接方向做直线移动。它常用于Ⅰ形坡口的对接平焊，多层焊的第一层焊或多层多道焊。

（2）直线往复运条法。采用这种运条方法焊接时，焊条末端沿焊缝的纵向做来回摆动。它的特点是焊接速度快，焊缝窄，散热快。它适用于薄板和接头间隙较大的多层焊的第一层焊。

（3）锯齿形运条法。采用这种运条方法焊接时，焊条末端做锯齿形连续摆动及向前移动，并在两边稍停片刻。摆动的目的是为了控制熔化金属的流动和得到必要的焊缝宽度，以获得较好的焊缝成形。这种运条方法在生产中应用较广，多用于厚钢板的焊接，平焊、仰焊、立焊的对接接头和立焊的角接接头。

（4）月牙形运条法。采用这种运条方法焊接时，焊条的末端沿着焊接方向做月牙形的左右摆动。摆动的速度要根据焊缝的位置、接头形式、焊缝宽度和焊接电流值来决定。同时需在接头两边停留片刻，这是为了使焊缝边缘有足够的熔深，防止咬边。这种运条方法的特点是金属熔化良好，有较长的保温时间，气体容易析出，熔渣也易于浮到焊缝表面上来，焊缝质量较高，但焊出来的焊缝余高较高。这种运条方法的应用范围和锯齿形运条法基本相同。

（5）三角形运条法。采用这种运条方法焊接时，焊条末端做连续三角形运动，并不断向前移动。按照摆动形式的不同，可分为斜三角形和正三角形两种，斜三角形运条法适用于焊接平焊和仰焊位置的T形接头焊缝和有坡口的横焊缝，其优点是能够借焊条的摆动来控制熔化金属，促使焊缝成形良好。正三角形运条法只适用于开坡口的对接接头和T形接头焊缝的立焊，特点是能一次焊出较厚的焊缝断面，焊缝不易产生夹渣等缺陷，有利于提高生产效率。

（6）圆圈形运条法。采用这种运条方法焊接时，焊条末端连续做正圆圈或斜圆圈形运动，并不断前移。正圆圈形运条法适用于焊接较厚焊件的平焊缝，其优点是熔池存在时间长，熔池金属温度高，有利于溶解在熔池中的氧、氮等气体的析出，便于熔渣上浮。斜圆圈形运条法适用于平、仰位置T形接头焊缝和对接接头的横焊缝，其优点是利于控制熔化金属不受重力影响而产生下淌现象，有利于焊缝成形。

图 3-20 所示为电焊运条示意图。

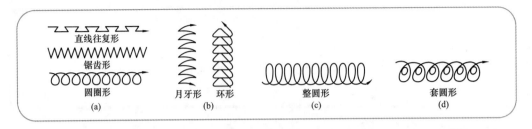

图 3-20　电焊运条示意图
(a) 平焊；(b) 立焊；(c) 横焊；(d) 仰焊

③　焊缝收尾

(1) 划圈收尾法。焊条移至焊道的终点时，利用手腕的动作做圆圈运动，直到填满弧坑再拉断电弧。该方法适用于厚板焊接，用于薄板焊接会有烧穿危险。

(2) 反复断弧法。焊条移至焊道终点时，在弧坑处反复熄弧、引弧数次，直到填满弧坑为止。该方法适用于薄板及大电流焊接，但不适用于碱性焊条，否则会产生气孔。

3.2.3　气焊的基本操作

所谓"气焊"，是利用可燃气体和助燃气体混合点燃后产生的高温火焰，加热熔化两个被焊件的连接处，并用填充材料将两个焊件连接起来，使它们达到原子间的结合，冷凝后形成一个整体的过程。在气焊中，用乙炔或液化石油气作为可燃气体，用氧气作为助燃气体，并使两种气体在焊枪中按一定的比例混合燃烧，形成高温火焰。

①　焊丝和焊剂

气焊所用的焊丝是没有药皮的金属丝，其成分与工件基本相同。原则上要求焊缝与工件达到相等的强度。

焊接合金钢、铸铁和有色金属时，熔池中容易产生高熔点的稳定氧化物，如 Cr_2O_3、SiO_2 和 Al_2O_3 等，使焊缝中夹渣。故在焊接时，使用适当的焊剂，可与 Cr_2O_3 等氧化物结成低熔点的熔渣，以利浮出熔池。因为金属氧化物多呈碱性，所以一般都用酸性焊剂，如硼砂、硼酸等。焊铸铁时，往往有较多的 SiO_2 出现，因此通常又会采用碱性焊剂，如碳酸钠和碳酸钾等。使用时，通常用焊丝蘸在端部送入熔池。

焊接低碳钢时，只要接头表面干净，不必使用焊剂。

②　焊接规范

气焊的接头形式和焊接空间位置等工艺问题的考虑，与手工电弧焊基本相同。气焊的焊接规范则主要是确定焊丝的直径、焊嘴的大小以及焊嘴对工件的倾斜角度。

焊丝的直径根据工件的厚度而定。焊接厚度为 3mm 以下的工件时，所用的焊丝直径与工件的厚度基本相同。焊接较厚的工件时，焊丝直径应小于工件厚度。焊丝直径一般不超过 6mm。

焊炬端部的焊嘴是氧炔混合气体的喷口，如图 3-21 所示。每把焊炬备有一套口径不同的焊嘴，焊接厚工件时应选用较大口径的焊嘴。

③ 焊接的操作

（1）焊接前的准备工作。

1）检查高压气体钢瓶。气瓶出口不得朝向人，连接胶管不得有损伤，减压器周围不能有污渍、油渍。

2）检查焊炬火嘴前部是否有弯曲和堵塞，气管口是否被堵住，有无油污。

3）调节氧气减压器，控制低压出口压力为 0.15～1.20MPa。

4）调节乙炔气钢瓶出口压力为 0.01～0.02MPa。如使用液化石油气气体则无需调节减压器，只需稍稍拧开瓶阀即可。

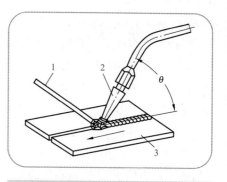

图 3-21　气焊
1—焊丝；2—焊嘴；3—工件

5）检查被焊工件是否修整完好，摆放位置是否正确。焊接管路一般采用平放并稍有倾斜的位置，并将扩管的管口稍向下倾，以免焊接时熔化的焊料进入管道造成堵塞。

6）准备好所有使用的焊料、焊剂。

（2）调整焊炬的火焰。通过控制焊炬的两个针阀来调整焊炬的火焰。首先打开乙炔阀，点火后调整阀门使火焰长度适中，然后打开氧气阀，调整火焰，改变气体混合比例，使火焰成为所需要的火焰。一般认为中性焰是气焊的最佳火焰，几乎所有的焊接都可使用中性焰。调节的过程如下：由大至小，中性焰（大）→减少氧气→出现羽状焰→减少乙炔→调为中性焰（小）；由小至大，中性焰（小）→加乙炔→羽状焰变大→加氧气→调为中性焰（大）。调节的具体方法应在焊接时灵活掌握，逐渐摸索。

（3）点火、调节火焰与灭火。点火时，先微开氧气阀门，再打开乙炔阀门，随后点燃火焰，这时的火焰是碳化焰。然后，逐渐开大氧气阀门，将碳化焰调整成中性焰。同时，按需要把火焰大小也调整合适。灭火时，应先关乙炔阀门，后关氧气阀门。

（4）焊接。首先要对被焊接管道进行预热，预热时焊炬火焰焰心的尖端离工件 2～3mm，并垂直于管道，这时的温度最高。加热时要对准管道焊接的结合部位全长均匀加热。加热时间不宜太长，以免结合部位氧化。加热的同时在焊接处涂上焊剂，当管道（铜管）的颜色呈暗红色时，焊剂被熔化成透明液体，均匀地润湿在焊接处，立即将涂上焊剂的焊料放在焊接处继续加热，直至焊料充分熔化流向两管间隙处，并牢固地附着在管道上时，移去火焰，焊接完毕。然后先关闭焊枪的氧气调节阀，再关闭乙炔气调节阀。

焊接经验指导：在焊接空调器（电冰箱）的毛细管与干燥过滤器的接口时，预热时间不能过长，焊接时间越短越好，以防止毛细管加热过度而熔化。

焊接中推平焊波的经验推荐： 气焊时，要用左手拿焊丝，右手拿焊炬，两手的动作要协调，沿焊缝向左或向右焊接。焊嘴轴线的投影应与焊缝重合，同时要注意掌握好焊嘴与焊件的夹角 α，如图 3-22 所示。焊件越厚，α 越大。在焊接开始时，为了较快地加热焊件和迅速形成熔池，α 应大些。正常焊接时，一般保持 α 在 $30°\sim50°$ 范围内。当焊接结束时，α 应适当减小，以便更好地填满熔池和避免焊穿。焊炬向前移动的速度应能保证焊件熔化并保持熔池具有一定的大小。焊件熔化形成熔池后，再将焊丝适量地点入熔池内熔化。

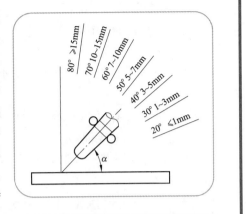

图 3-22 焊嘴倾角与焊件厚度的关系

④ 对焊接火焰的要求

（1）火焰要有足够高的温度。

（2）火焰体积要小，焰心要直，热量要集中。

（3）火焰应具有还原性质，不仅不使液体金属氧化，而且对熔化中的某些金属氧化物及熔渣起还原作用。

（4）火焰应不使焊缝金属增碳和吸氧。

⑤ 火焰的种类、特点及应用

气焊火焰的种类有中性焰、碳化焰和氧化焰三种，如图 3-23 所示。

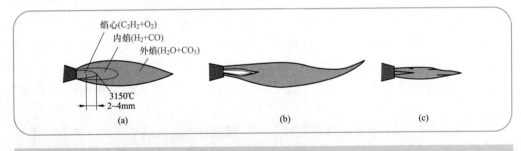

图 3-23 气焊火焰的种类
(a) 中性焰；(b) 碳化焰；(c) 氧化焰

（1）中性焰。中性焰是三种火焰中最适用于铜管焊接的火焰。点燃焊枪后，逐渐增加氧气流量，火焰由长变短，颜色由淡红变为蓝白色。当氧气与乙炔比例接近 1:1 混合燃烧时，就得到图 3-23 (a) 所示的中性焰。中性焰由焰心、内焰和外焰三部分组成。焰心是火焰最里层部分，呈尖锥形，色白而明亮。内焰为蓝白色，呈杏核形，是整个火焰温度最高部分。外焰是火焰的最外层，由里向外逐渐由淡紫色变为橙黄色。中性焰的温度在 3100℃左右，适宜焊接铜管与铜管、钢管与钢管。

（2）碳化焰。当乙炔含量超过氧气含量时，火焰燃烧后的气体中尚有部分乙炔未燃烧，喷出的火焰为碳化焰，如图 3-23（b）所示。碳化焰的火焰明显分三层，焰心呈白色，外围略带蓝色，温度一般为 1000℃ 左右。内焰为淡白色，温度为 2100~2700℃。外焰呈橙黄色，温度低于 2000℃。碳化焰可用来焊接钢管等。

（3）氧化焰。当氧气含量超过乙炔含量时，喷出的火焰为氧化焰，如图 3-23（c）所示。氧化焰的火焰只有两层，焰心短而尖，呈青白色；外焰也较短，略带紫色，火焰挺直。

经验提示：氧化焰的温度在 3500℃ 左右。氧化焰由于氧气的供应量较多，氧化性很强，会造成焊件的烧损，致使焊缝产生气孔、加渣，不适用于制冷管道的焊接。

焊接时，若焊料没有完全凝固，绝对不可使焊接件动摇或振动，否则焊接部位会产生裂缝，使管路泄漏。

⑥ 焊接后的清洁与检查

焊接后必须将焊口残留的焊剂、熔渣清除干净。焊口表面应整齐、美观、圆滑，无凸凹不平，并无气泡和加渣现象。最关键的是不能有任何泄漏，这需要通过试压检漏判别。

⑦ 不正确焊接的后果

（1）焊接点保持不到一周。这是由于接头部分有油污或温度不够、加热不均匀、焊料或焊剂选择不当、不足等原因造成的。

（2）结合部开裂。这是由于未焊牢时铜管被碰撞、振动所致。

（3）焊接时被焊铜管开裂。这是由于温度过高所致。

（4）焊接处外表粗糙。这是由于焊料过热或焊接时间过长、焊剂不足等引起的。

（5）焊接处有气泡、气孔。这是因为接头处不清洁造成的。

焊接操作安全提示：

（1）安全使用高压气体，开启瓶阀时应平稳缓慢，避免高压气体冲坏减压阀。调整焊接用低压气体时，要先调松减压器手柄再开瓶阀，然后调压。工作结束后，先调松减压器再关闭瓶阀。

（2）氧气瓶严禁靠近易燃品和油脂。搬运时要拧紧瓶阀，避免磕碰和剧烈振动。接减压器之前，要清除瓶上的污物。要使用符合要求的减压器。

（3）氧气瓶内的气体不允许全部用完，至少要留 0.2~0.5MPa 的剩余气量。

（4）乙炔气钢瓶的放置和使用与氧气瓶的方法相同，但要特别注意高温、高压对乙炔气钢瓶的影响，一定要放置在远离热源、通风干燥的地方，并要求直立放置。

（5）焊接操作前要仔细检查瓶阀、连接胶管及各接头部分不得漏气。焊接完及时关闭钢瓶上的阀门。

（6）焊接工件时，火焰方向应避开设备中的易燃、易损部位，应远离配电装置。

（7）焊炬应存放在安全地点。不要将焊炬放在易燃、腐蚀性气体及潮湿的环境中。

（8）不得随意挥动点燃的焊炬，以避免伤人或引燃其他物品。

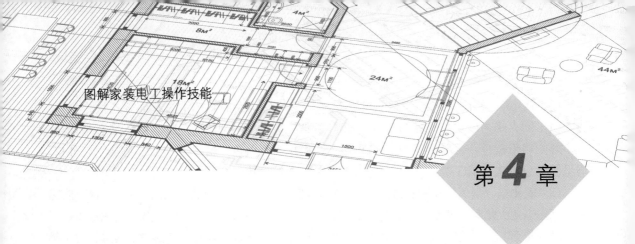

第4章

布 线 操 作 技 能

 本章要点

　　熟练掌握布线操作技能，在操作中能按照规范熟练使用各种常用电工工具、测量仪表；把掌握的钳工技能熟练应用于实际操作中。

　　施工规范依据：布线操作技能必须遵守 GB 50311—2007《综合布线工程设计规范》、GB 50312—2007《综合布线工程验收规范》。

 **4.1　线 管 配 线**

4.1.1　钢管电线管的配线

钢管电线管配线技术标准：
　　(1)穿管导线的绝缘强度不应低于 500V，导线最小截面积规定为铜芯线 1mm²，铝芯线 2.5mm²。

　　(2)线管内导线不准有接头，也不准穿入绝缘破损后经过包扎恢复绝缘的导线。

　　(3)管内导线一般不得超过 10 根，不同电压或不同电能表的导线不得穿在同一根线管内。但一台电动机包括控制和信号回路的所有导线，及同一台设备的多台电动机的线路，允许穿在同一根线管内。

　　(4)除直流回路导线和接地线外，不得在钢管内穿单根导线。

　　(5)线管转弯时，应采用弯曲线管的方法，不宜采用制成品的月亮弯，以免造成管口连接处过多。

　　(6)线管线路应尽可能少转角或弯曲，因转角越多穿线就越困难。为便于穿线，规定当线管超过下列长度时，必须加装接线盒：无弯曲转角时，不超过 45m；有一个弯曲转角时，不超过 30m；有两个弯曲转角时，不超过 20m；有三个弯曲转角时，不超过 12m。

（7）在混凝土内暗线敷设的线管，必须使用壁厚为 3mm 的电线管。当电线管的外径超过混凝土厚度的 1/3 时，则不准将电线管埋在混凝土内，以免影响混凝土的强度。

❶ 钢管电线管选择和工艺处理

（1）钢管的选用。在干燥环境，可采用电线管明敷或暗敷。在潮湿、易燃、易爆场所和地坪下敷设，则应采用焊接管。

钢管选择经验指导：管子不得有折扁、裂纹、砂眼，管内应无毛刺、铁屑，管内外不应有严重锈蚀现象。

（2）钢管的除锈和涂漆。钢管敷设前，应清除其内外灰渣、油污和锈块等。为防止钢管除锈后重新氧化，清理后应立即涂漆（在混凝土内埋设的钢管，外壁可不涂漆）。

常用钢管除锈（去污）工艺处理手段：

1）手工除锈。在钢丝刷两端各绑一根长度适宜的铁丝，将铁丝和钢丝刷穿过钢管来回拉动，即可清除钢管内壁锈斑。钢管外壁直接用钢丝刷或电动除锈机除锈即可。如果钢管内壁有油垢或其他脏物，也可在一根长度足够的铁丝中部绑上适量布条，在管中来回拉动，将其清除。

2）压缩空气吹除。在钢管的一端输入压缩空气，吹净管内脏物。

3）高压水清洗。将高压水从一端灌入，利用高压水的冲击力洗净管内脏物，然后人工驱除管内水气，再涂以防锈漆。

（3）钢管的锯割。钢管锯割后用半圆锉锉掉管口内侧的棱角和毛刺，以免穿线时割伤导线。

（4）套螺纹。钢管与钢管之间的连接，应先在连接处套螺纹。

（5）弯管。线路转弯处不可采用成品弯头，而应将管子加工成弯形。原因是：一是使用成品弯头会增加管子的接头，而接头越多越易引起故障；二是线管转弯有曲率半径的规定。

弯管理论计算依据：

成品弯头的曲率半径规定明敷线管曲率半径为

$$R = 4d$$

成品弯头的曲率半径规定暗敷线管曲率半径为

$$R = 6d$$

式中　d——线管的外径。

如图 4-1 中的 R 就是曲率半径。

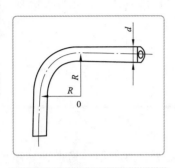

图 4-1　线管的曲率半径

1）电线管的弯形方法。电线管属薄壁钢管，通常有焊缝。弯形时，切忌焊缝位于弯曲处的内侧或外侧，以避免出现皱叠、断裂和瘪陷等现象。

操作经验指导：电线管手工弯形时，可用自制的弯棒作为弯形工具。弯形时，逐渐移动弯棒，一次弯曲的弧度不可过大。否则，钢管就会弯瘪或弯裂。

2）镀锌钢管的弯形方法。镀锌焊管或无缝管弯形时，管内要灌沙子。沙子应灌实，否则钢管就会弯瘪。如果钢管需要加热弯形，则管中应灌入干燥无水分的沙子。灌沙子后，管的两端应使用木塞封堵。镀锌焊管弯形时，焊缝也应位于侧边。

焊管和无缝管一般用弯管器弯形，如图 4-2 所示。

操作提示：直径大于 25mm 的电线管也可以用上述办法弯管。

❷　钢管间连接与管盒连接

（1）管间连接。钢管与钢管之间采用管箍连接，如图 4-3 所示。为了保证管子接口严密，管子的丝扣部分应缠上麻丝，并在麻丝上涂一层白漆。

图 4-2　钢管弯管器

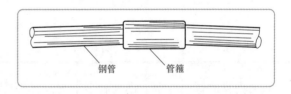

钢管　　　　　　管箍

图 4-3　管箍连接钢管示意图

（2）管盒连接。明管沿建筑物凸面棱角拐弯时，可在拐弯处加装拐角盒，以便穿线和接线。管盒连接时，首先在管线上旋一个螺母（俗称根母），接着将管头穿入接线盒内，然后旋上螺母，最后用两把扳手同时锁紧螺母。明线进接线盒，应将管子弯成"鸭脖"。

（3）焊接。为了施工简便和节约钢材，配管线也可焊接。

❸　钢管的明敷设

（1）按施工图确定电气设备的安装位置，划出管道走向中心线和交叉位置，并埋设支撑钢管的紧固件，固定点的距离应均匀。

明敷钢管有多种紧固方法，可用管卡将其直接固定在墙上，或用管卡固定在预埋的角钢支架上，还可用管卡槽和板管卡敷设钢管。多根钢管或口径较大的钢管可吊装敷设。

（2）按线路敷设要求下料、除锈和涂漆、套螺纹、弯曲等。

（3）在紧固件上固定并连接钢管，并将钢管与接线盒、配电箱等连成一体。钢管与配电箱的连接方法与钢管与接线盒的连接方法大体相同。

施工提示：钢管沿房梁或屋架敷设时，一般采用膨胀螺栓或穿墙螺栓、抱箍等固定。

（4）将导线穿管、接线，并对管路系统妥善接地。其接地方法与钢管暗敷相同。

④ 钢管的暗敷设

（1）按施工图确定接线盒、灯头盒、开关、插座和线管的位置，测量线路和管道敷设长度。

（2）按线路敷设要求下料、除锈、弯曲、套螺纹、涂漆等。

（3）预埋、固定、连接管线。

（4）在钢管与钢管、钢管与接线盒的接头处焊上跨接导线（管线套接除外），以保证管路系统可靠接地。跨接线的尺寸可参照表4-1确定。

表4-1　　　　　　　　　　　　跨 接 线 尺 寸

公称直径（mm）		跨接线尺寸（mm）	
电线管	水煤气管	圆钢	扁钢
≤32	≤25	$\phi 6$	
40	32	$\phi 8$	
50	50	$\phi 10$	
70～80	70～80		25×4

操作经验指导：为了便于检修，钢管与配电箱的接地，可首先在钢管焊上专用接地螺栓，然后用导线将该接地螺栓与配电箱可靠地连接起来。

（5）钢管暗敷。

1）在现浇混凝土楼板内敷钢管，应在浇灌混凝土以前进行。通常，首先用石（砖）块在楼板上将钢管垫高15mm以上，使钢管与混凝土模板保持一定距离，然后用铁丝将钢管固定在钢筋上，或用钉子将其固定在模板上。

2）在砖墙内敷设钢管，应在土建砌砖时预埋，边砌砖边预埋，并用砖屑、水泥砂浆将管子塞紧。砌砖时若不预埋钢管，则应在墙体上预留线管槽或凿打线管槽，并在钢管的固定点预埋木榫，在木榫上钉入钉子。敷设时将钢管用铁丝绑扎在钉子上，然后将钉子进一步打入木榫，使管子与槽壁贴紧，最后用水泥砂浆覆盖槽口，恢复建筑物表面的平整。

3）在地坪下敷设钢管，应在浇注混凝土前将钢管固定。通常先将木桩或圆钢打入地下泥土中，用铁丝将钢管绑扎在这些支撑物上，下面用石块或砖块垫高15～20mm，再浇注混凝土，使钢管位于混凝土内部，以免钢管受泥土潮气的腐蚀。

4）在楼板内敷设钢管，由于受楼板厚度的限制，对钢管外径的选择有一定要求：若楼板厚度为80mm，则钢管外径不应超过40mm；若楼板厚度为120mm，则钢管外径不应超过50mm。此时应注意，在浇注混凝土以前，要在灯头盒或接线盒的设计位置预埋木砖，待混凝土固化，取出木砖，装入接线盒或灯头盒。

5）管道敷设后，在接线盒、灯头、插座、管口等处用木塞塞上或用废纸、刨花等填满，以免水泥砂浆和杂物进入。

⑤ 钢管配线的补偿装置

钢管配线的补偿装置的设置意图是：当线管经过建筑物伸缩缝时，为防止因建筑物基础下沉不匀而损坏线管和导线，应在伸缩缝上装设补偿装置。

暗配管线补偿装置的安装方法是在伸缩缝的两边各装一只（或两只）接线盒，如图4-4（a）所示。在右边一只接线盒的侧面开一个长孔，管端穿入长孔中（不应固定），使其在长孔内能上下移动，其余三个管端均用管子螺母与接线盒紧固起来。明配管线可采用金属软管补偿，安装时用管头将软管固定在线管端部，使软管略呈弧形，当基础下沉不匀时，借助软管进行补偿，如图4-4（b）所示。

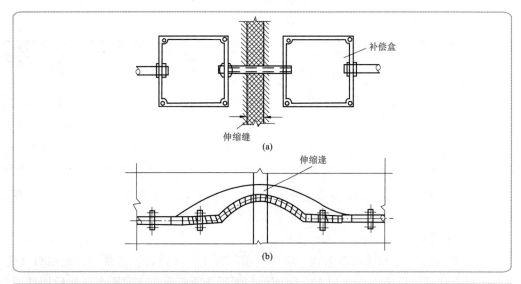

图 4-4　明配管和暗配管的补偿方式
（a）暗配管线补偿装置的安装方法；（b）明配管线补偿装置的安装方法

4.1.2　硬塑料管的选用和工艺处理

① 硬塑料管的特点及选用

目前，在电气工程施工中大部分都采用热塑性硬塑料管。它具有离火即熄的自熄性能。配线用的硬塑料管应有一定的机械强度，明敷时管壁厚度不得小于3mm，弯曲时不产生凹裂，要有较大的耐冲击韧性和较小的热膨胀系数，外观要求光洁、美观、平直。暗敷时应便于弯曲，应能随一定的正压力，应具有较高的（温度）软化点，并富有弹性，管壁厚度不得小于 3mm。

② 连接

（1）烘热直接插接。此法适用于 φ50mm 及以下的硬聚氯乙烯管。

具体操作步骤是：将管口倒角，即将连接处的外管倒内角，内管倒内角，如图 4-5 所示。将内管、外管插接段的污垢用汽油、苯或二氯乙烯等溶剂擦净；将外管接管处（长度为管径的 1.2～1.5 倍）用喷灯、电炉或炭火炉加热，也可浸入湿度为 130℃ 左右的热甘油或石蜡中加热，使其软化；在内管插入段涂上胶合剂（如聚乙烯胶合剂），迅速插入外管；待内外管中心线一致，即用湿布包缠外管，使其尽快冷却硬化，如图 4-6 所示。

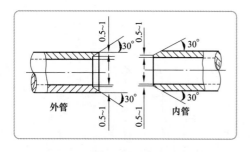

图 4-5　塑料管口倒角

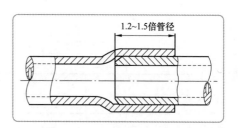

图 4-6　塑料管插接示意图

（2）利用模具胀管插接。此法适用于 φ65mm 及以上的硬聚氯乙烯管。

利用模具胀管插接的操作步骤：

外管管口倒内角，除垢，加热（方法同上）；待塑料管软化，将已加热的金属模具（或木模）插入（见图 4-7），待冷却到 50℃ 左右将模具抽出，用冷水冷却，使接管变硬成型（模具外径应比硬管外径大 2.5％ 左右）；在内管、外管插接面涂上胶合剂，并将内管插入外管；加热插接。如果条件具备，再用聚氯乙烯焊条在接合处焊 2～3 圈，以确保密封良好，如图 4-8 所示。

如需要套管套接。截一小段与需要套接的塑料管直径相同的硬塑料管，将其扩大成套管；把需要套接的两根塑料管端倒角，并涂上胶合剂，插入套管；加热套管，使其软化，并冷却，套管收缩变硬即完成连接，如图 4-9 所示。

---

③ 硬塑料管的弯曲

硬塑料管通常需加热弯曲。加热时要掌握住火候，既要使管子软化，又不得烤伤、烤焦，更不得使管壁出现凹凸。弯曲半径一般有以下规定：明敷至少为管径的 6 倍，暗敷至少为管径的 10 倍。

塑料管热弯曲的加热方法如下：

（1）直接加热弯曲。此法适用于 φ20mm

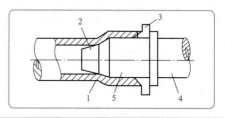

图 4-7　成型模胀管示意图

1—硬塑料管；2—胀管成型模端头；
3—卸模用圆套环；4—固定在工作台上；5—成型模

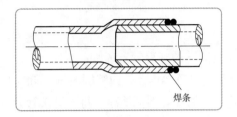

图 4-8 塑料焊条密封

及以下的塑料管。加热时，将塑料管的待弯曲部分在热源上匀速转动，使其受热均匀，待管子软化，趁热在木模上搣弯，如图 4-10 所示。

（2）灌沙加热弯曲。此法适用于 $\phi 25mm$ 及以上的塑料管。灌沙加热方法与钢管相同。

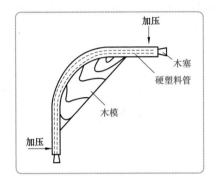

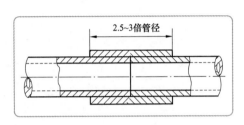

图 4-9 套接法示意图

图 4-10 硬塑料管在木模上成型

硬塑料管敷设技术要点须知：

（1）管径为 20mm 及以下时，管卡间距为 1.0m；管径为 25～40mm 时，管卡间距为 1.2～1.5mm；管径为 50mm 及以上时，管卡间距为 2.0m。硬塑料管也可在角铁支架上架空敷设，支架间距不得超过上述标准。

（2）塑料管穿过楼板时，距楼面 0.5m 的一段应穿钢管保护。

（3）塑料管与热力管平行敷设时，两管之间的距离不得小于 0.5m。

（4）塑料管的热膨胀系数（0.08mm/m）比钢管大 5～7 倍，敷设时应考虑热胀冷缩问题。一般在管路直线部分每隔 30m 应加装一个补偿装置，如图 4-11 所示。

（5）与塑料管配套的接线盒、灯头盒不得使用金属制品，只可使用塑料制品。同时，塑料管与接线盒、灯头盒之间的固定一般也不得使用锁紧螺母和管螺母，而应使用胀扎管头绑扎，如图 4-12 所示。

4.1.3 线管穿线工艺要求

❶ 线管穿线前工作准备

首先检查管口是否倒角，有无毛刺，以免穿线时毛刺割伤导线；然后往管内穿入 $\phi 1.2 \sim \phi 1.6mm$ 的铁丝引线，用它将导线拉入管

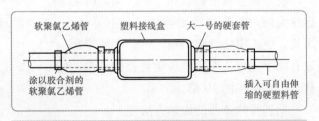

图 4-11 塑料管伸缩补偿装置

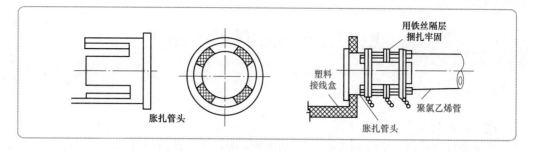

图4-12　塑料管与接线头用胀扎管头固定

内。如果管径较大、转弯较小，可将铁丝引线从管口一端直接引入。如果线管较长、弯头较多或管径较小，同根铁丝引线无法直接从管子的一端穿入另一端，则可从管的两端同时穿入铁丝引线，引线端弯成小钩。当两根铁丝引线在管中相遇时，用手转动引线，使两者钩在一起。将要留在管内的引线一端拉出管口，使管内保留一根完整的引线，其两端伸出管外，并绕成一个大圈，使其不缩入管内，以供穿线之用。

②　线管穿线工艺

导线穿入线管前，在线管口应先套上护圈，再按线长度加工两端连接所需的余量截取导线；削去两端导线绝缘层，在两端标出同一根导线的记号；然后将各导线绑在引线弯钩上并用胶布缠好；由一人将导线理成平行束并往线管内送，一人在另一端抽拉铁丝引线。

（1）如果配线管很长，弯曲处又多，穿线发生困难，则可用滑石、云母粉等润滑。

（2）如果导线的线径较粗，穿管时用引线牵引存在困难，则可用较粗的麻绳将粗导线绑上，再按以上方法穿管，如图4-13所示。

（3）如果多根导线穿管，为防止缠绑处外径过大而在管内卡住，绑线时导线要错开绑，如图4-14所示。图中四根导线（或更多导线）相互错开位置，将导线1、2、3并列，用导线4缠绑1、2、3，接着用导线3缠绑导线1、2，然后用导线2缠绑导线1（包括引线），最后用胶布缠包。

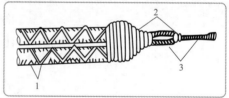

图4-13　粗导线的绑法
1—铁丝；2—缠胶布；3—麻绳

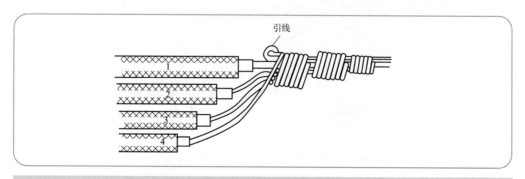

图4-14　多根导线的绑法

4.2 导线绝缘层的剖削与连接操作

4.2.1 导线绝缘层的剖削

① 剖削导线接头的绝缘层

绝缘导线连接前，应先剥去导线端部的绝缘层，并将裸露的导体表面清擦干净。剥去绝缘层的长度一般为 $50\sim100$mm，截面积小的单股导线剥去长度可以小些，截面积大的多股导线剥去长度应大些。

② 塑料硬线绝缘层的剖削

（1）4mm² 及以下塑料硬线绝缘层剖削。

芯线截面积为 4mm² 及以下的塑料硬线，其绝缘层一般用钢丝钳来剖削，如图 4-15 所示。

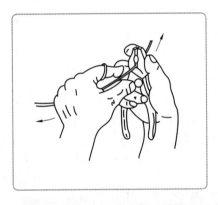

图 4-15 钢丝钳剖削塑料硬线绝缘层

（2）4mm² 以上塑料硬线绝缘层剖削。芯线截面积大于 4mm² 的塑料硬线，可用电工刀来剖削其绝缘层，如图 4-16 所示。

剖削其绝缘层操作：

1）根据所需线头长度，用电工刀为 45°角倾斜切入塑料绝缘层，使刀口刚好削透绝缘层而不伤及芯线如图 4-16（a）所示。

2）使刀面与芯线间的角度保持 45°左右，用力向线端推削（不可切入芯线），削去上面一层塑料绝缘，如图 4-16（b）所示。

3）将剩余的绝缘层向后扳翻，然后用电工刀齐根削去，如图 4-16（c）所示。

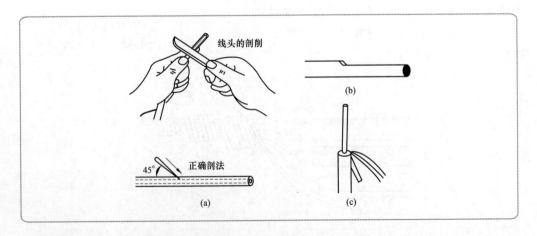

图 4-16 用电工刀剖削塑料硬线绝缘层

③ 塑料软线绝缘层的剖削

塑料软线绝缘层只能用剥线钳或钢丝钳剖削（剖削方法同塑料硬线），不可用电工刀来剖削。因为塑料软线太软，并且芯线又由多股铜丝组成，用电工刀剖削容易剖伤线芯。

④ 塑料护套线绝缘层的剖削

塑料护套线绝缘层由公共护套层和每根芯线的绝缘层两部分组成。公共护套只能用电工刀来剖削，剖削方法如图4-17所示。

（1）按所需线头长度用电工刀刀尖对准芯线缝隙划开护套层，如图4-17（a）所示。

（2）将护套层向后扳翻，用电工刀齐根切去，如图4-17（b）所示。

（3）用钢丝钳或电工刀按照剖削塑料硬线绝缘层的方法，分别将每根芯线的绝缘层剖除。用钢线钳或电工刀切入芯线绝缘层时，切口应距离护套层5~10mm。

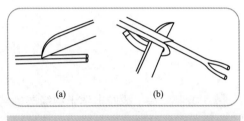

图4-17 塑料护套线绝缘层的剖削

⑤ 橡皮线绝缘层的剖削

橡皮线绝缘层外面有柔韧的纤维编织保护层，其切削方法如下：

（1）先按剖削护套线护套的方法，用电工刀刀尖将编织保护层划开，并将其向后扳翻，再用电工刀齐根切去。

（2）按剖削塑料线绝缘层的方法削去橡胶层。

（3）将棉纱层散开到根部，用电工刀切去。

⑥ 花线绝缘层的剖削

花线绝缘层分外层和内层，外层是柔韧的棉纱编织物，内层是橡胶绝缘层和棉纱层。

花线绝缘层的剖削操作步骤如下：

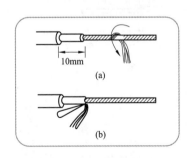

图4-18 花线绝缘层的剖削

（1）在所需线头长度处用电工刀在棉纱织物保护层四周割切一圈，将棉纱织物拉去，如图4-18（a）所示。

（2）在距棉纱织物保护层10mm处，用钢丝钳的刀口切割橡胶绝缘层（不可损伤芯线）。

（3）将露出的棉纱层松开，用电工刀割断，如图4-18（b）所示。

⑦ 铅包线绝缘层的剖削

铅包线绝缘层由外部铅包层和内部芯线绝缘层组成。

铅包线绝缘层的剖削操作步骤如下：

（1）先用电工刀将铅包层切割一刀，如图4-19（a）所示。

（2）用双手来回扳动切口处，使铅包层沿切口折断，把铅包层拉出来，如图4-19（b）所示。

（3）内部绝缘层的剖削方法与塑料线绝缘层相同，如图4-19（c）所示。

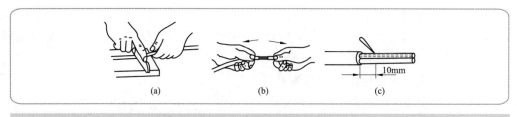

图4-19　铅包线绝缘层的剖削

⑧　橡胶软线（橡胶电缆）绝缘层的剖削

橡胶软线外包橡胶护套层，内部每根芯线上又有各自的橡胶绝缘层。橡胶软线绝缘层的剖削方法如图4-20所示。

用电工刀来剖削绝缘层的方法是：

（1）根据所需长度用电工刀以45°倾斜切入塑料绝缘层。

（2）接着刀面与芯线保持25°左右用力向线端推削，削去上面一层塑料绝缘层。不可切入芯线。

（3）将下面塑料绝缘层向后翻，最后用电工刀齐根切去。

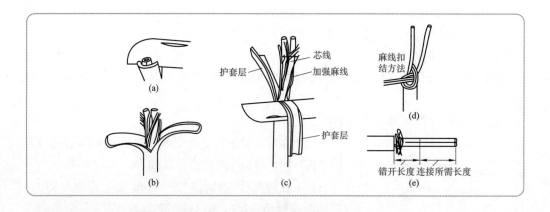

图4-20　橡胶软线绝缘层的剖削

⑨　漆包线绝缘层的去除

漆包线绝缘层是喷涂在芯线上的绝缘漆层。线径不同，去除绝缘层的方法也不一样。直径在$1.0mm^2$以上的，可用细砂纸或细砂布擦除；直径为$0.6\sim1.0mm^2$的，可用专用刮线刀刮去；直径在0.6mm以下的，也可用细砂纸或细砂布擦除。操作时应细心，否则易造成芯线折断。有时为了保证漆包线线芯直径的准确，也可用微火（不可用大火，以免芯线变形或烧断）烤焦线头绝缘漆层，再将漆层轻轻刮去。

4.2.2 不同导线的连接操作规范

① 小截面单股铜导线连接

如图 4 - 21 所示，先将两导线的芯线线头作 X 形交叉，再将它们相互缠绕 2～3 圈后扳直两线头，然后将每个线头在另一芯线上紧贴密绕 5～6 圈后剪去多余线头即可。

② 大截面单股铜导线连接

如图 4 - 22 所示，先在两导线的芯线重叠处填入一根相同直径的芯线，再用一根截面积约 1.5mm² 的裸铜线在其上紧密缠绕，缠绕长度为导线直径的 10 倍左右，然后将被连接导线的芯线线头分别折回，再将两端的缠绕裸铜线继续缠绕 5～6 圈后剪去多余线头即可。

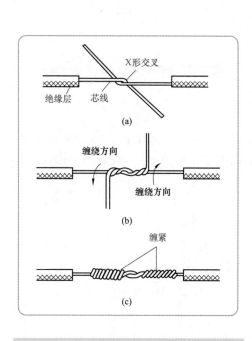

图 4 - 21 小截面单股铜导线连接

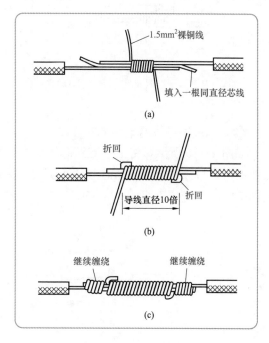

图 4 - 22 大截面单股铜导线连接

③ 不同截面单股铜导线连接

如图 4 - 23 所示，先将细导线的芯线在粗导线的芯线上紧密缠绕 5～6 圈，然后将粗导线芯线的线头折回紧压在缠绕层上，再用细导线芯线在其上继续缠绕 3～4 圈后剪去多余线头即可。

④ 单股铜导线的 T 字分支连接

如图 4 - 24 所示，将支路芯线的线头紧密缠绕在干路芯线上 5～8 圈后剪去多余线头即可。对于较小截面的芯线，可先将支路芯线的线头在干路芯线上打一个环绕结，再紧密缠绕 5～8 圈后剪去多余线头即可。

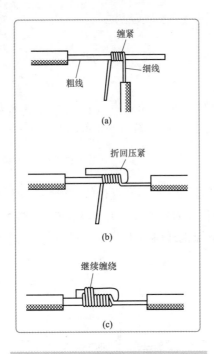

图 4-23 不同截面单股铜导线连接

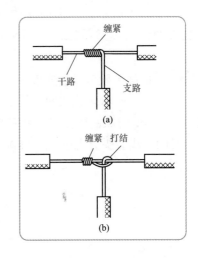

图 4-24 单股铜导线的 T 字分支连接

⑤ 单股铜导线的十字分支连接

如图 4-25 所示，将上下支路芯线的线头紧密缠绕在干路芯线上 5～8 圈后剪去多余线头即可。可以将上下支路芯线的线头向一个方向缠绕［见图 4-25（a）］，也可以向左右两个方向缠绕［见图 4-25（b）］。

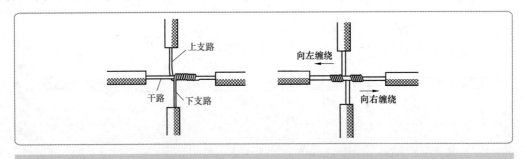

图 4-25 单股铜导线的十字分支连接

⑥ 多股铜导线的直接连接

如图 4-26 所示，首先将剥去绝缘层的多股芯线拉直，将靠近绝缘层的约 1/3 芯线绞合拧紧，而将其余 2/3 芯线呈伞状散开，另一根需连接的导线芯线也如此处理。接着将两伞状芯线相对着互相插入后捏平芯线，然后将每一边的芯线线头分为三组，先将某一边的第一组线头翘起并紧密缠绕在芯线上，再将第二组线头翘起并紧密缠绕在芯线上，最后将第三组线头翘起并紧密缠绕在芯线上。以同样方法缠绕另一边的线头。

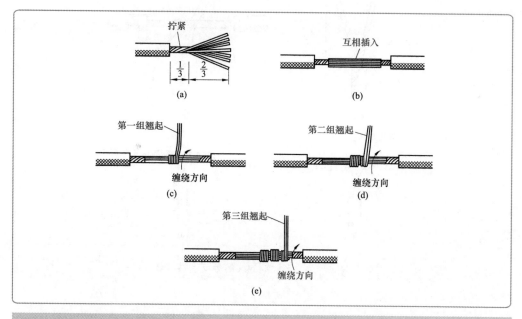

图 4 - 26　多股铜导线的直接连接

7　多股铜导线的分支连接

多股铜导线的 T 字分支连接有两种方法，一种方法如图 4 - 27 所示，将支路芯线 90°折弯后与干路芯线并行 ［见图 4 - 27 (a)］，然后将线头折回并紧密缠绕在芯线上即可 ［见图 4 - 27 (b)］。

如图 4 - 28 所示，将支路芯线靠近绝缘层的约 1/8 芯线绞合拧紧，其余 7/8 芯线分为两组 ［见图 4 - 28 (a)］，一组插入干路芯线中，另一组放在干路芯线前面，并朝右边按图 4 - 28 (b) 所示方向缠绕 4～5 圈。再将插入干路芯线中的那一组朝左边按图 4 - 28 (c)、(d) 所示缠绕。

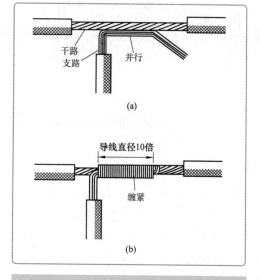

图 4 - 27　多股铜导线的分支连接

8　单股铜导线与多股铜导线的连接

如图 4 - 29 所示，先将多股导线的芯线绞合拧紧成单股状，再将其紧密缠绕在单股导线的芯线上 5～8 圈，最后将单股芯线线头折回并压紧在缠绕部位即可。

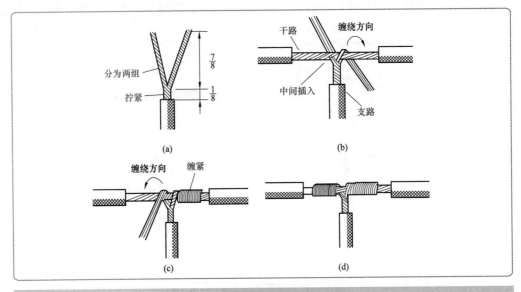

图 4 - 28　多股铜导线的分支连接

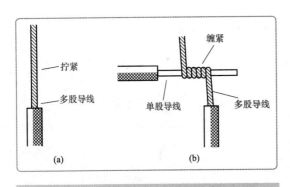

图 4 - 29　单股铜导线与多股铜导线的连接

❾　同一方向导线的连接

当需要连接的导线来自同一方向时，可以采用图 4 - 30 所示的方法。对于单股导线，可将一根导线的芯线紧密缠绕在其他导线的芯线上，再将其他芯线的线头折回压紧即可。对于多股导线，可将两根导线的芯线互相交叉，然后绞合拧紧即可。对于单股导线与多股导线的连接，可将多股导线的芯线紧密缠绕在单股导线的芯线上，再将单股芯线的线头折回压紧即可。

❿　双芯或多芯电线电缆的连接

双芯护套线、三芯护套线或电缆、多芯电缆在连接时，应注意尽可能将各芯线的连接点互相错开位置，可以更好地防止线间漏电或短路。如图 4 - 31 （a） 所示为双芯护套线的连接情况，图 4 - 31 （b） 所示为三芯护套线的连接情况，图 4 - 31 （c） 所示为四芯电力电缆的连接情况。

⓫　导线紧压连接

紧压连接是指用铜或铝套管套在被连接的芯线上，再用压接钳或压接模具压紧套管使芯线保持连接。铜导线（一般是较粗的铜导线）和铝导线都可以采用紧压连接，铜导线的连接应采用铜套管，铝导线的连接应采用铝套管。紧压连接前应先清除导线芯线表面和压接套管内壁上的氧化层和黏污物，以确保接触良好。

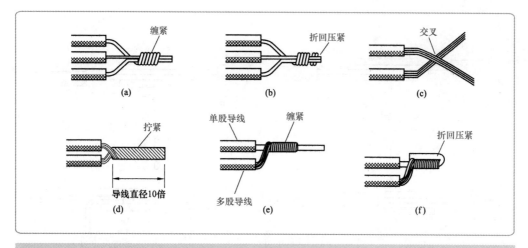

图 4 - 30　同一方向导线的连接

⑫　铜导线或铝导线的紧压连接

（1）圆截面套管使用时，将需要连接的两根导线的芯线分别从左右两端插入套管相等长度，以保持两根芯线的线头的连接点位于套管内的中间。然后用压接钳或压接模具压紧套管，一般情况下只要在每端压一个坑即可满足接触电阻的要求。在对机械强度有要求的场合，可在每端压两个坑，如图 4 - 32 所示。对于较粗的导线或机械强度要求较高的场合，可适当增加压坑的数量。

压接套管截面有圆形和椭圆形两种：圆截面套管内可以穿入一根导线，椭圆截面套管内可以并排穿入两根导线。

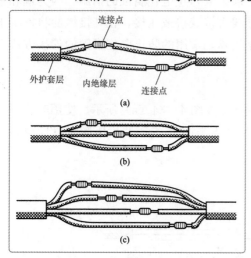

图 4 - 31　双芯或多芯电线电缆的连接

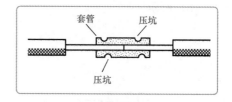

图 4 - 32　圆截面套管的使用

（2）椭圆截面套管使用时，将需要连接的两根导线的芯线分别从左右两端相对插入并穿出套管少许［见图 4 - 33（a）］，然后压紧套管即可［见图 4 - 33（b）］。椭圆截面套管不仅可用于导线的直线压接，而且可用于同一方向导线的压接，如图 4 - 33（c）所示；另外，还可用于导线的 T 字分支压接或十字分支压接，如图 4 - 33（d）和图 4 - 33（e）所示。

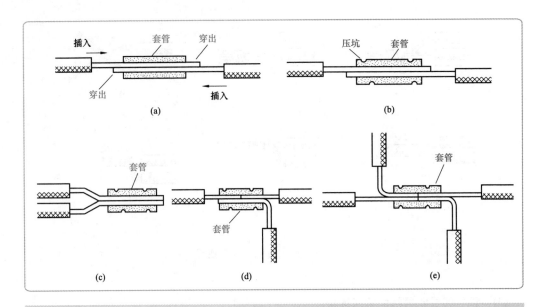

图 4-33　椭圆截面套管的使用

⑬　铜导线与铝导线之间的紧压连接

当需要将铜导线与铝导线进行连接时，必须采取防止电化腐蚀的措施。因为铜和铝的标准电极电位不一样，如果将铜导线与铝导线直接绞接或压接，在其接触面将发生电化腐蚀，引起接触电阻增大而过热，造成线路故障。常用的防止电化腐蚀的连接方法有两种。

（1）采用铜铝连接套管。

铜铝连接套管的一端是铜质，另一端是铝质，如图 4-34（a）所示。使用时将铜导线的芯线插入套管的铜端，将铝导线的芯线插入套管的铝端，然后压紧套管即可，如图 4-34（b）所示。

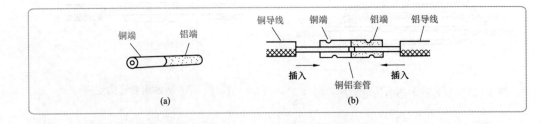

图 4-34　采用铜铝连接套管

（2）铜导线镀锡后采用铝套管连接。

先在铜导线的芯线上镀上一层锡，再将镀锡铜芯线插入铝套管的一端，铝导线的芯线插入该套管的另一端，最后压紧套管即可，如图 4-35 所示。

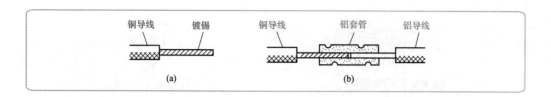

图 4-35　铜导线镀锡后采用铝套管连接

⑭　铜导线接头的锡焊

较细的铜导线接头可用大功率（如 150W）电烙铁进行焊接。

焊接前应先清除铜芯线接头部位的氧化层和黏污物。为增加连接可靠性和机械强度，可将待连接的两根芯线先行绞合，再涂上无酸助焊剂，用电烙铁蘸焊锡进行焊接即可，如图 4-36 所示。焊接中应使焊锡充分熔融渗入导线接头缝隙中，焊接完成的接点应牢固光滑。

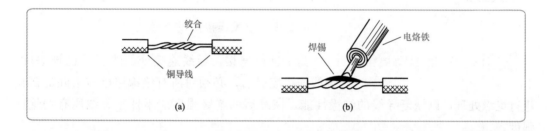

图 4-36　铜导线接头的锡焊

较粗（一般指截面积在 16mm² 以上）的铜导线接头可用浇焊法连接。浇焊前同样应先清除铜芯线接头部位的氧化层和黏污物，涂上无酸助焊剂，并将线头绞合。将焊锡放在化锡锅内加热熔化，当熔化的焊锡表面呈磷黄色说明锡液已达符合要求的高温，即可进行浇焊。浇焊时将导线接头置于化锡锅上方，用耐高温勺子盛上锡液从导线接头上面浇下，如图 4-37 所示。

刚开始浇焊时因导线接头温度较低，锡液在接头部位不会很好渗入，应反复浇焊，直至完全焊牢为止。浇焊的接头表面也应光洁平滑。

⑮　铝导线接头的焊接

铝导线接头的焊接一般采用电阻焊或气焊。电阻焊是指用低电压大电流通过铝导线的连接处，利用其接触电阻产生的高温高热将导线的铝芯线熔接在一起。电阻焊应使用特殊的降压变压器（1kVA、一次侧 220V、二次侧 6～12V），配以专用焊钳和炭棒电极，如图 4-38 所示。

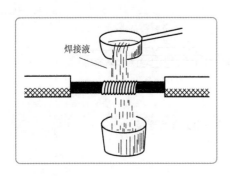

图 4-37 用浇焊法连接

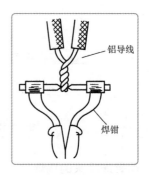

图 4-38 铝导线接头的焊接

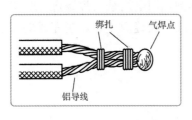

图 4-39 用气焊焊接

气焊连接操作是利用气焊枪的高温火焰，将铝芯线的连接点加热，使待连接的铝芯线相互熔融连接。气焊前应将待连接的铝芯线绞合，或用铝丝或铁丝绑扎固定，如图 4-39 所示。

4.2.3 导线连接处的绝缘处理

为了进行连接，导线连接处的绝缘层已被去除。导线连接完成后，必须对所有绝缘层已被去除的部位进行绝缘处理，以恢复导线的绝缘性能，恢复后的绝缘强度应不低于导线原有的绝缘强度。

❶ 一般导线接头的绝缘处理

一字形连接的导线接头可按图 4-40 所示进行绝缘处理。先包缠一层黄蜡带，再包缠一层黑胶带。将黄蜡带从接头左边绝缘完好的绝缘层上开始包缠，包缠两圈后进入剥除了绝缘层的芯线部分，如图 4-40（a）所示。包缠时黄蜡带应与导线成 55°左右倾斜角，每圈压叠带宽的1/2〔见图 4-40（b）〕，直至包缠到接头右边两圈距离的完好绝缘层处。然后将黑胶带接在黄蜡带的尾端，按另一斜叠方向从右向左包缠〔见图 4-40（c）、（d）〕，仍每圈压叠带宽的1/2，直至将黄蜡带完全包缠住。包缠处理中应用力拉紧胶带，注意不可稀疏，更不能露出芯线，以确保绝缘质量和用电安全。对于 220V 线路，

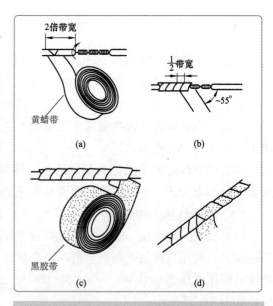

图 4-40 导线接头的绝缘处理

也可不用黄蜡带，只用黑胶带或塑料胶带包缠两层。在潮湿场所应使用聚氯乙烯绝缘胶带或涤纶绝缘胶带。

通常导线连接处的绝缘处理采用绝缘胶带进行缠裹包扎。一般电工常用的绝缘带有黄蜡带、涤纶薄膜带、黑胶带、塑料胶带、橡胶胶带等。常用绝缘胶带的宽度一般为20mm，使用较为方便。

❷ T字分支接头的绝缘处理

T字分支接头的包缠方向如图4-41所示，走一个T字形的来回，使每根导线上都包缠两层绝缘胶带，每根导线都应包缠到完好绝缘层的两倍胶带宽度处。

❸ 十字分支接头的绝缘处理

导线十字分支接头包缠方向如图4-42所示，走一个十字形的来回，使每根导线上都包缠两层绝缘胶带，每根导线也都应包缠到完好绝缘层的两倍胶带宽度处。

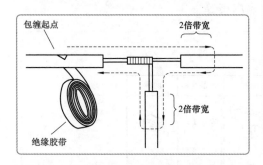

图4-41 T字分支接头的绝缘处理　　图4-42 十字分支接头的绝缘处理

 ## 4.3 舒适家居的综合布线

4.3.1 综合布线管路和槽道的选用与结合方式

根据综合布线施工的场合可以选用不同类型和规格的管路和槽道。综合布线系统施工中常用的管槽有金属槽、PVC槽、金属管、PVC管。

❶ 金属槽和PVC槽

金属槽由槽底和槽盖组成，每根槽一般长度为2m，槽与槽连接时使用相应尺寸的铁板和螺钉固定。槽的外形如图4-43所示。

与PVC槽配套的附件有阳角、阴角、直转角、平三通、左三通、右三通、连接头、终端头、接线盒（包括暗盒、明盒）等，如图4-44所示。

❷ 金属管和PVC管

金属管是用于分支结构或暗埋的线路。它的规格有多种，以外径区分，单位为mm。

图 4 - 43 线槽外形

工程施工中常用的金属管有 D16、D20、D25、D32、D40、D50、D63、D25、D110 等规格。

与 PVC 管安装配套的附件有接头、螺圈、弯头、弯管弹簧、一通接线盒、二通接线盒、三通接线盒、四通接线盒、开口管卡、专用截管器、PVC 黏合剂等。

③ 桥架

桥架分为普通桥架、槽式桥架，如图 4 - 45 所示。在普通桥架中还可分为普通型桥架、直边普通型桥架。

在普通桥架中有以下主要配件供组合：梯架、弯通、三通、四通、多节二通、凸弯通、凹弯通、调高板、端向连接板、调宽板、垂直转角连接件、连接板、小平转角连接板、隔离板等。

产品名称	图例	产品名称	图例	产品名称	图例
阳角		平三通		连接头	
阴角		顶三通		终端头	
直转角		左三通		接丝盒插口	
		右三通		灯口盒插口	

图 4 - 44 PVC - 25 塑料线槽明敷安装配套附件（白色）

在直通普通型桥架中有以下主要配件供组合：梯架、弯通、三通、四通、多节二通、凸弯通、凹弯通、盖板、弯通盖板、三通盖板、四通盖板、凸弯通盖板、凹弯通盖板、花孔托盘、花孔弯通、花孔四通托盘、连接板、垂直转角连接板、小平转角连接板、端向连接件护板、隔离板、调宽板、端头挡板等。

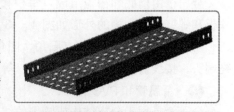

图 4 - 45 桥架外形

❹ 综合布线系统中采用电缆桥架或线槽和预埋钢管结合的方式

（1）电缆桥架宜高出地面 2.2m 以上，桥架顶部距顶棚或其他障碍物不应小于 0.3m，桥架宽度不宜小于 0.1m，桥架内横断面的填充率不应超过 50%。

（2）在电缆桥架内缆线垂直敷设时，在缆线的上端应每间隔 1.5m 左右固定在桥架的支架上；水平敷设时，在线缆的首、尾、拐弯处每间隔 2～3m 处进行固定。

（3）电缆线槽宜高出地面 2.2m。在吊顶内设置时，槽盖开启面应保持 80mm 的垂直净空，线槽截面利用率不应超过 50%。

（4）水平布线时，布放在线槽内的缆线可以不绑扎；槽内缆线应顺直，尽量不交叉，缆线不应溢出线槽，在缆线进出线槽部位、拐弯处应绑扎固定。垂直线槽布放缆线应每间隔 1.5m 固定在缆线支架上。

（5）在水平、垂直起降和垂直线槽中敷设缆线时，应对缆线进行绑扎。绑扎间距不宜大于 1.5m，扣间距应均匀，松紧适度。电缆桥架或线槽和预埋钢管结合进行的方式如图 4 - 46 所示，它结合布放线槽的位置进行。

（6）设置缆线桥架和缆线槽支撑保护要求如下：

1）桥架水平敷设时，支撑间距一般为 1～1.5m；垂直敷设时，固定在建筑物体上的间距宜小于 1.5m。

2）金属线槽敷设时，在下列情况下设置支架或吊架：线槽接头处、间距 1～1.5m、离开线槽两端口 0.5m 处、拐弯转角处。

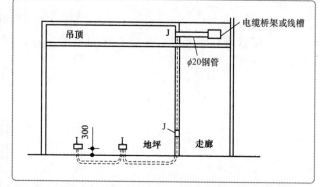

图 4 - 46　电缆桥架或线槽和预埋钢管结合进行的方式
I—通信出口；J—接线盒

3）塑料线槽槽底固定点间距一般为 0.8～1m。

4.3.2　综合布线系统中金属线槽的保护

❶ 综合布线系统中预埋金属线槽支撑保护方式

（1）在建筑物中预埋线槽可视不同尺寸，按一层或两层设置，应至少预埋两根，线槽截面高度不宜超过 25mm。

（2）线槽直埋长度超过 6m 或在线槽路有交叉、转变时宜设置拉线盒，以便于布放缆线和维修。

（3）拉线盒盖应能开启，并与地面齐平；另外，盒盖处应采取防水措施。

（4）线槽宜采用金属管引入分线盒内。

（5）预埋金属线槽方式如图 4 - 47 所示。

❷ 综合布线系统中预埋暗管支撑保护方式

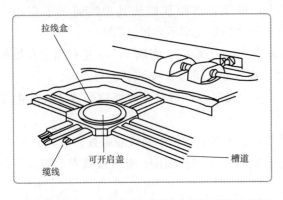

图 4-47 预埋金属线槽方式示意图

（1）暗管宜采用金属管，预埋在墙体中间的暗管内径不宜超过 50mm；楼板中的暗管内径宜为 15～25mm。在直线布管 30m 处应设置暗箱等装置。

（2）暗管的转弯角度应大于 90°，在路径上每根暗管的转弯点不得多于两个，并不应有 S 弯出现。在弯曲布管时，在每间隔 15m 处应设置暗线箱等装置。

（3）暗管转变的曲率半径不应小于该管外径的 6 倍，如暗管外径大于 50mm，则不应小于 10 倍。

（4）暗管管口应光滑，并加有绝缘套管，管口伸出部位应为 25～50mm。管口伸出部位要求如图 4-48 所示。

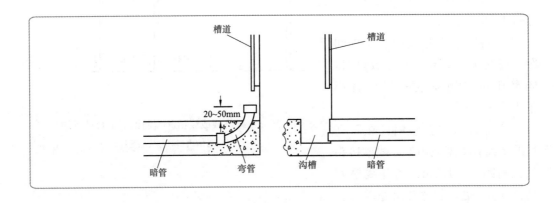

图 4-48 暗管出口部位安装示意图

❸ 综合布线系统中格形线槽和沟槽结合的保护方式

（1）沟槽和格形线槽必须沟通。

（2）沟槽盖板可开启，并与地面齐平。另外，盖板和插座出口处应采取防水措施。

（3）沟槽的宽度宜小于 600mm。

（4）格形线槽与沟槽的构成如图 4-49 所示。

（5）铺设活动地板敷设缆线时，活动地板内净空不应小于 150mm。活动地板内如果作为通风系统的风道使用，地板内净高不应小于 300mm。

采用公用立柱作为吊顶支撑时，可在立柱中布放缆线。立柱支撑点宜避开沟槽和线槽位置，支撑应牢固。公用立柱布线方式如图 4-50 所示。

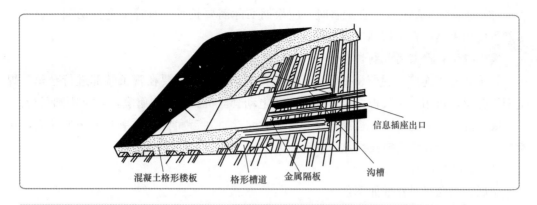

图 4-49　格形线槽与沟槽构成示意图

（6）不同种类的缆线布线在金属槽内时，应同槽分隔（用金属板隔开）布放。金属线槽接地应符合设计要求。

干线子系统缆线敷设支撑保护要求：

1）缆线不得布放在电梯或管道竖井中。

2）干线通道间应沟通。

3）竖井中缆线穿过每层楼板孔洞宜为矩形或圆形。矩形孔洞尺寸不宜小于 300mm×100mm；圆形孔洞处应至少安装三根圆形钢管，管径不宜小于 100mm。

（7）在工作区的信息点位置和缆线敷设方式未定的情况下，或在工作区采用地

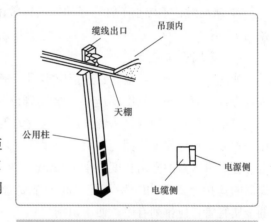

图 4-50　公用立柱布线方式示意图

板下布放缆线时，在工作区宜设置交接箱，每个交接箱的安装面积约为 80cm²。

4.3.3　管路、桥架、槽道的敷设安装要求

❶　金属管的敷设

（1）金属管的加工要求。综合布线工程使用的金属管应符合设计文件的规定，表面不应有穿孔、裂缝和明显的凹凸不平，内壁应光滑，不允许有锈蚀。在易受机械损伤的地方和在受力较大处直埋时，应采用足够强度的管材。

金属管的加工要求如下：

1）为了防止在穿电缆时划伤电缆，管口应无毛刺和尖锐棱角。

2）为了减小直埋管在沉陷时管口处对电缆的剪切力，金属管口宜做成喇叭形。

3）金属管在弯制后，不应有裂缝和明显的凹瘪现象。弯曲程度过大，将减小金属管的有效管径，造成穿设电缆困难。

4）金属管的弯曲半径不应小于所穿入电缆的最小允许弯曲半径。

5）镀锌管锌层剥落处应涂防腐漆，可延长使用寿命。

（2）金属管切割套丝。在配管时，应根据实际需要长度，对管子进行切割。管子的切割可使用钢锯、管子切割刀或电动机切管机。

操作提示：严禁用气割切割管子。

管子和管子连接，管子和接线盒、配线箱的连接，都需要在管子端部进行套丝。焊接钢管套丝，可用管子绞板（俗称代丝）或电动套丝机。硬塑料管套丝，可用圆丝板。

操作提示：套完丝后，应随时清扫管口，将管口端面和内壁的毛刺用锉刀锉光，使管口保持光滑，以免割破线缆绝缘护套。

（3）金属管弯曲。

金属管弯曲半径标准如下：

1）明配时，一般不小于管外径的 6 倍；只有一个弯时，不小于管外径的 4 倍；整排钢管在转弯处，宜弯成同心圆的弯。

2）暗配时，不应小于管外径的 6 倍；敷设于地下或混凝土楼板内时，不应小于管外径的 10 倍。

（4）金属管的连接。

如图 4-51 所示，金属管连接应牢固，密封应良好，两管口应对准。套接的短套管或带螺纹的管接头的长度不应小于金属管外径的 2.2 倍。金属管的连接采用短套管时，施工简单方便；采用管接头螺纹连接则较为美观，保证金属管连接后的强度。无论采用哪一种方式均应保证牢固、密封。金属管进入信息插座的接线盒后，暗埋管可用焊接固定。管口进入盒的露出长度应小于 5mm。明设管应用锁紧螺母或管螺母固定，露出锁紧螺母的丝扣为 2~4 扣。引至配线间的金属管管口位置，应便于与线缆连接。并列敷设的金属管管口应排列有序，便于识别。

（5）金属管的暗设。预埋在墙体中间的金属管内径不宜超过 50mm，楼板中的管径宜为 15~25mm，直线布管 30m 处设置暗线盒。敷设在混凝土、水泥里的金属管，其地基应坚实、平整且不应有沉陷，以保证敷设后的线缆安全运行。

操作提示：金属管连接时，管孔应对准，接缝应严密，不得有水和泥浆渗入。管孔对准无错位，以免影响管路的有效管理，保证敷设线缆时穿设顺利。

操作提示：金属管道敷设时，应有不小于 0.1% 的排水坡度。建筑群之间金属管的

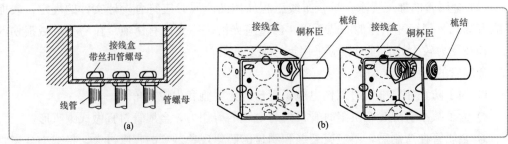

图 4-51　金属管的连接

（a）金属管和接线盒连接；（b）铜杯臣、梳结与接线盒连接

埋设深度不应小于 0.8m；在人行道下面敷设时，不应小于 0.5m。

金属管内应安置牵引线或拉线。金属管的两端应有标记，表示建筑物、楼层、房间和长度。

（6）金属管的明敷。金属管应用管卡子固定。这种固定方式较为美观，且在需要拆卸时方便拆卸。

操作提示：金属的支持点间距，有要求时应按照规定设计，无设计要求时不应超过 3m。在距接线盒 0.3m 处，用管卡将管子固定。在弯头的地方，弯头两边也应用管卡固定。

光缆与电缆同管敷设时，应在暗管内预置塑料子管。将光缆敷设在子管内，使光缆和电缆分开布放。子管的内径应为光缆外径的 2.5 倍。

（7）管路的安装要求：

1）预埋暗敷管路应采用直线管道为好，尽量不采用弯曲管道。直线管道超过 30m 再需延长距离时，应置暗线箱等装置，以利于牵引敷设电缆时使用。如必须采用弯曲管道，要求每隔 15m 处设置暗线箱等装置。

2）暗敷管路如必须转弯，其转弯角度应大于 90°。暗敷管路曲率半径不应小于该管路外径的 6 倍。要求每根暗敷管路在整个路由上需要转弯的次数不得多于两个，暗敷管路的弯曲处不应有折皱、凹穴和裂缝。

3）明敷管路应排列整齐，横平竖直，要求管路每个固定点（或支撑点）的间隔均匀。

4）要求在管路中放有牵引线或拉绳，以便牵引线缆。

5）在管路的两端应设有标志，其内容包括序号、长度等，应与所布设的线缆对应，以使布线施工中不容易发生错误。

❷ 金属线槽（桥架）的安装

金属桥架多由厚度为 0.4～1.5mm 的钢板制成。与传统桥架相比，金属桥架具有结构轻、强度高、外形美观、无需焊接、不易变形、连接款式新颖、安装方便等特点。它是敷设线缆的理想配套装置。

金属桥架分为槽式和梯式两类。槽式桥架是指由整块钢板弯制成槽形部件，梯式桥架是指由侧边与若干个横档组成的梯形部件。桥架附件是用于直线段之间、直线段与弯通之间连接所必需的连接固定或补充直线段、弯通功能部件。支吊架是指直接支撑桥架的部件。

桥架安装要求提示：

（1）桥架安装位置应符合施工图规定，左右偏差视环境而定，最大不超过 50mm。

（2）桥架水平度每米偏差不应超过 2mm。

（3）垂直桥架应与地面保持垂直，并无倾斜现象，垂直度偏差不应超过 3mm。

（4）桥架节与节间用接头连接板拼接，螺钉应拧紧。两桥架拼接处水平偏差不应超过 2mm。

（5）当直线段桥架超过 30m 或跨越建筑物时，应有伸缩缝。其连接宜采用伸缩连接板。

（6）桥架转弯半径不应小于其槽内的线缆最小允许弯曲半径的最大者。

（7）盖板应紧固，并且要错位盖槽板。

（8）支吊架应保持垂直、整齐牢固、无歪斜现象。

为了防止电磁干扰，宜用辫式铜带把桥架连接到其经过的设备间或楼层配线间的接地装置上，并保持良好的电气连接。

（1）预埋金属桥架支撑保护要求。在建筑物中预埋桥架可为不同的尺寸，按一层或二层设备，应至少预埋两根，线槽面高度不宜超过25mm。

操作提示：桥架直埋长度超过15m或在桥架路有交叉、转变时宜设置拉线盒，以便布放线缆和维护。

接线盒盖应能开启，并与地面齐平；另外，盒盖处应采取防水措施。桥架宜采用金属引入分线盒内。

（2）设置桥架支撑保护要求。水平敷设时，支撑间距为1.5～2m；垂直敷设时固定在建筑物构体上的间距宜小于2m。

不同种类的线缆布放在金属线槽内，应同槽分室（用金属板隔开）布放。

❸ PVC管（槽）的敷设

（1）PVC管一般是在工作区暗埋线管，操作时要注意管转弯时，弯曲半径要大，以便于穿线。管内穿线不宜太多，要留有50%以上的空间。

（2）PVC槽的铺设　具体方式有以下三种：

1）在天花板吊顶打吊杆或托式桥架。

2）在天花板吊顶外采用托架或桥架铺设。

3）在天花板吊顶外采用托架加配定槽铺设。采用托架时，一般在1m左右安装一个托架。固定槽时一般1m左右安装固定点。

固定点要点指导：

① 25×20～25×30（mm）规格的槽，一个固定点应有2～3个固定螺钉，并水平排列。

② 25×30（mm）以上的规格槽，一个固定点应有3～4个固定螺钉，呈梯形状，使槽受力点分散分布。

③ 除了固定点外应每隔1m左右，钻2个孔，用双绞线穿入，待布线结束后，把所布的双绞线捆扎起来。

④ 水平干线、垂直干线布槽的方法是一样的，差别在一个是横布槽一个是竖布槽。

⑤ 在水平干线与工作区交接处，不易施工时，可采用金属软管（蛇皮管）或塑料软管连接。

4.3.4　线缆的敷设施工

❶ 线缆敷设施工时的牵引方法

在线缆敷设之前，建筑物内各种暗敷的管路和槽道已安装。为了方便线缆牵引，在安装各种管路或槽道时已内置一根拉绳（一般为钢绳），使用拉绳可以方便地将线缆从管道的一端牵引到另一端。

操作提示：根据施工过程中敷设电缆类型，可以采用三种牵引方式，即牵引4对双绞线电缆、牵引单根25对双绞线电缆、牵引多根25对或更多对线电缆。

（1）牵引4对双绞线电缆。主要方法是使用电工胶布将多根双绞线电缆与拉绳绑紧，使用拉绳均匀用力缓慢牵引电缆。

具体操作步骤如下：

1）将多根双绞线电缆的末端缠绕电工胶布，如图4-52所示。

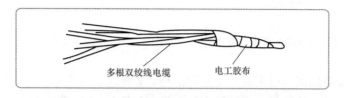

图4-52　用电工胶布缠绕多根双绞线电缆的末端

2）在电缆缠绕端绑扎好拉绳，然后牵引拉绳，如图4-53所示。

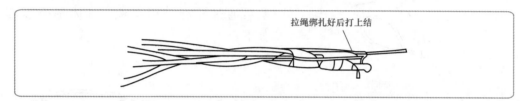

图4-53　将双绞线电缆与拉绳绑扎固定

3）对双绞线电缆的另一种牵引方法也是经常使用的，具体步骤如下：

① 剥除双绞线电缆的外表皮，并整理为两组裸露金属导线，如图4-54所示。

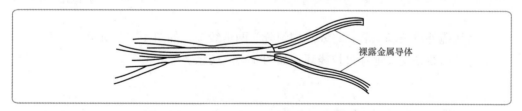

图4-54　剥除电缆外表皮得到裸露金属导体

② 将金属导体编织成一个环，拉绳绑扎在金属环上，然后牵引拉绳，如图4-55所示。

（2）牵引单根25对双绞线电缆。主要方法是将电缆末端编制成一个环，然后绑扎好拉绳后，牵引电缆，具体操作步骤如下：

1）将电缆末端与电缆自身打结成一个闭合的环，如图4-56所示。

图 4-55　编织成金属环以供拉绳牵引

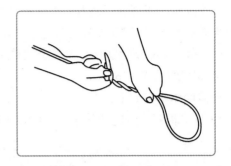

图 4-56　电缆末端与电缆自身打结为一个环

2）用电工胶布加固，以形成一个坚固的环，如图 4-57 所示。

3）在缆环上固定好拉绳，用拉绳牵引电缆，如图 4-58 所示。

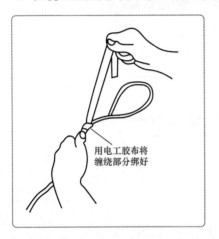

图 4-57　用电工胶布加固形成坚固的环

（3）牵引多根 25 对双绞线电缆或更多线对的电缆。主要操作方法是将线缆外表皮剥除后，将线缆末端与拉绳绞合固定，然后通过拉绳牵引电缆，具体操作步骤如下：

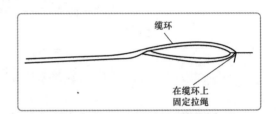

图 4-58　在缆环上固定好拉绳

1）将线缆外皮表剥除后，将线对均匀分为两组线缆，如图 4-59 所示。

2）将两组线缆交叉地穿过拉线环，如图 4-60 所示。

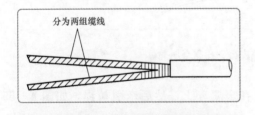

图 4-59　将电缆分为两组线缆

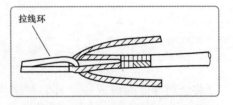

图 4-60　两组线缆交叉地穿过拉线环

3）将两组线缆缠扭在自身电缆上，加固与拉线环的连接，如图 4-61 所示。

4）在线缆缠扭部分紧密缠绕多层电工胶布，以进一步加固电缆与拉线环的连接，如图 4-62 所示。

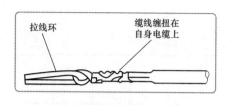

图4-61　线缆缠扭在自身电缆上

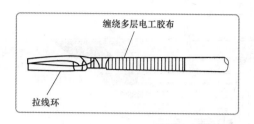

图4-62　在线缆缠扭部分紧密缠绕多层电工胶布

❷　水平电缆（配线电缆）的布放方法

（1）水平线缆在布设过程中，不管采用何种布线方式，都应遵循以下要求：

1）为了考虑以后线缆的变更，在线槽内布设的电缆容量不应超过线槽截面积的70%。

2）水平线缆布设完成后，线缆的两端应贴上相应的标签，以识别线缆的来源地。

3）非屏蔽4对双绞线电缆的弯曲半径应至少为电缆外径的4倍，屏蔽双绞线电缆的弯曲半径应至少为电缆外径的6～10倍。

4）线缆在布防过程中应平直，不得产生扭绞、打圈等现象，不应受到外力的挤压和损伤。

5）线缆在线槽内布设时，要注意与电力线等电磁干扰源的距离要达到规范的要求。

6）线缆在牵引过程中，要均匀用力缓慢牵引。

线缆牵引力度规定：

① 一根4对双绞线电缆的拉力为100N。

② 两根4对双绞线电缆的拉力为150N。

③ 三根4对双绞线电缆的拉力为200N。

7）不管有多少根线对电缆，最大拉力不能超过400N。

（2）管道布线。管道一般从交接间埋到信息插座安装孔。管道布线是在浇筑混凝土时已把管道预埋在地板中，管道内有牵引电缆的钢丝或铁丝，施工人员只需索取管道图纸来了解地板的布线管道，确定路径。

（3）吊顶内布线。天花板吊顶内布线方式的施工步骤如下：

1）根据建筑物的结构确定布线路由。

2）沿着所设计的布线路由，打开天花板吊顶，用双手推开每块镶板，如图4-63所示。在楼层布线信息点较多的情况下，多根水平线缆会较重。为了减轻线缆对天花板吊顶的压力，可使用J形钩、吊索及其他支撑物来支撑线缆。

3）假设一楼层内共有12个房间，每个房间的信息插座安装两条UTP电缆，则需要一次性布设24条UTP电缆。

操作经验指导：为了提高布线效率，可将24个电缆箱放在一起并使线缆接管嘴向上（见图4-64），分组堆放在一起，每组有6个电缆箱，共有4组。

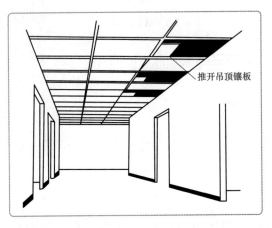

图 4-63　打开天花板吊顶的镶板

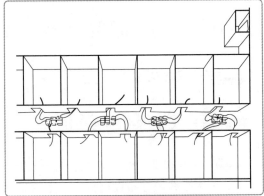

图 4-64　分组堆放电缆箱

4）为了方便区分电缆，在电缆的末端应贴上标签以注明来源地，在对应的电缆箱上也写上相同的标注。

5）在离楼层管理间最远的一端开始，拉到管理间。

6）电缆从信息插座布放到管理间并预留足够的长度后，从电缆箱一端切断电缆，然后在电缆末端上贴上标签并标注上与电缆箱相同的标注信息。

（4）墙壁线槽布线。一般按如下步骤施工：

1）确定布线路由。

2）沿着布线路由方向安装线槽，线槽安装要讲究直线、美观。

3）线槽每隔50cm要安装固定螺钉。

4）布放线缆时，线槽内的线缆容量不超过线槽截面积的70％。

5）布放线缆的同时盖上线槽的塑料槽盖。

❸　干线电缆的布放方法

（1）主干线缆布线施工过程中的要求：

1）应采用金属桥架或槽道敷设主干线缆，以提供线缆的支撑和保护功能。金属桥架或槽道要与接地装置可靠连接。

2）在智能建筑中有多个系统综合布线时，要注意各系统所使用线缆的布设间距要符合规范要求。

3）在线缆布放过程中，线缆不应产生扭绞或打圈等有可能影响线缆本身质量的现象。

4）线缆布放后，应平直处于安全稳定的状态，不应受到外界挤压或遭受损伤而产生故障。

5）在线缆布放过程中，布放线缆的牵引力不宜过大，应小于线缆允许拉力的80％，在牵引过程中，要防止线缆被拖、蹭、磨等损伤。

6）主干线缆一般较长，在布放线缆时可以考虑使用机械装置辅助人工进行牵引。在牵引过程中各楼层的人员要同步牵引，不要用力拽拉线缆。

（2）干线电缆提供了从设备间到每个楼层的水平子系统之间信号传输的通道，主干电缆通常安装在竖井通道中。

操作经验指导：在竖井中敷设干线电缆一般有两种方式：向下垂放电缆和向上牵引电缆。相比而言，向下垂放电缆比向上牵引电缆要容易些。

1）向下垂放电缆时的操作步骤：

① 首先把线缆卷轴搬放到建筑物的最高层。

② 在离楼层的垂直孔洞 3～4m 处安装好线缆卷轴，并从卷轴顶部馈线。

③ 在线缆卷轴处安排所需的布线施工人员，每层上要安排一个人以便引寻下垂的线缆。

④ 开始旋转卷轴，将线缆从卷轴上拉出。

⑤ 将拉出的线缆引导进竖井中的孔洞。在此之前先在孔洞中安放一个塑料套，以防止孔洞不光滑的边缘擦破线缆的外皮，如图 4-65 所示。

⑥ 慢慢地从卷轴上放缆并进入孔洞向下垂放，注意不要快速地放缆。

⑦ 继续向下垂放线缆，直到下一层布线人员能将线缆引到下一个孔洞。

⑧ 按前面的步骤，继续慢慢地向下垂放线缆，并将线缆引入各层的孔洞。

2）如果干线电缆经由一个大孔垂直向下布设，就无法使用塑料保护套，最好使用一个滑车轮来下垂布线。

用滑车轮垂直向下布设干线电缆操作步骤：

① 在大孔的中心上方安装上一个滑轮车，如图 4-66 所示。

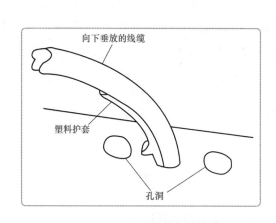

图 4-65　在孔洞中安放塑料保护套

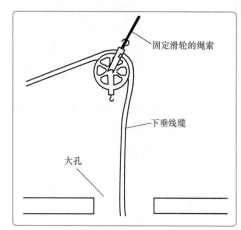

图 4-66　在大孔上方安装滑轮车

② 将线缆从卷轴拉出并绕在滑轮车上。

③ 按上面所介绍的方法牵引线缆穿过每层的大孔，当线缆到达目的地时，把每层上的线缆绕成卷放在架子上固定起来，等待以后的端接。

（3）向上牵引电缆。

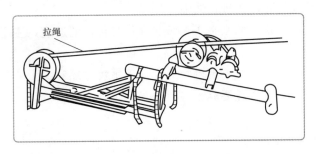

图 4-67 电动牵引绞车向上牵引线缆

向上牵引电缆，可借用电动牵引绞车将干线电缆从底层向上牵引到顶层，如图 4-67 所示。

4.3.5 光缆的连接

❶ 光缆的规格

典型的光纤结构自内向外为纤芯、包层及涂覆层，如图 4-68 所示。纤芯和包层是不可分离的，合起来组成裸光纤，主要决定光纤的光学特性和传输特性。

常见的 62.5/125μm 多模光纤的纤芯外径是 62.5μm，加上包层后外径是 125μm；而单模光纤的纤芯外径通常是 4～10μm，包层外径依然是 125μm。

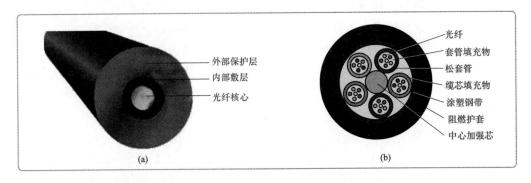

图 4-68 光纤、光缆结构

(a) 单膜光纤结构；(b) 典型的光缆结构

(1) 光纤是数据传输中最有效的一种传输介质，它有以下几个优点：

1) 光纤通信的频带很宽，理论可达 30GHz。

2) 电磁绝缘性能好。

3) 衰减较小。

4) 需要增设光中继器的间隔距离较大，因此整个通道中中继器的数量可以减少，降低成本。

5) 重量轻，体积小，适用的环境温度范围宽，使用寿命长。

6) 光纤通信不带电，使用安全，可用于易燃易爆场所。

7) 抗化学腐蚀能力强，适用于一些特殊环境下的布线。

(2) 光纤的种类。

按光在光纤中的传输模式分，光纤可分为单模光纤和多模光纤两种，如图 4-69 所示。

所谓"模"是指以一定角速度进入光纤的一束光。单模光纤采用固体激光器作为光源，多模光纤则采用发光二极管作为光源。

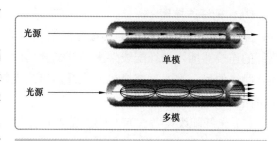

图4-69　单模光纤、多模光纤

1）多模光纤允许多束光在光纤中同时传播，从而形成模分散。模分散技术限制了多模光纤的带宽和距离，因此多模光纤的芯线粗、传输速度低、距离短、整体传输性能差。但多模光纤成本比较低，一般用于建筑物内或地理位置相邻的环境。

2）单模光纤只能允许一束光传播，所以单模光纤没有模分散特性，因而单模光纤的纤芯相对较细、传输频带宽、容量大、传输距离长。但由于单模光纤需要激光源，故成本较高，通常在建筑物之间或地域分散时使用。

（3）光纤的纤芯规格。国内计算机网络一般采用的纤芯直径为 $62.5\mu m$，包层为 $125\mu m$，也就是通常所说的 $62.5\mu m$。另一种纤芯直径为 $50\mu m$。

单模光纤芯径为 $8\sim10\mu m$，包层直径为 $125\mu m$。在导入波长上，单模光纤为 1310nm 和 1550nm，多模光纤为 850nm 和 1300nm。

按照纤芯直径可划分为：

1）50/125（μm）缓变型多模光纤；

2）62.5/125（μm）缓变增强型多模光纤；

3）10/125（μm）缓变型单模光纤。

按照光纤芯的折射率分布可分：

1）阶跃形光纤；

2）梯度形光纤；

3）环形光纤；

4）W形光纤。

❷　光缆

在光纤传输系统中直接使用的是光缆而不是光纤。光纤最外面常用 $100\mu m$ 厚的缓冲层或套塑层，套塑层的材料大部分采用尼龙、聚乙烯或聚丙烯等塑料。

一根光缆由一根直至多根光纤组成，外面再加上保护层。光缆中有 1 根光纤（单芯）、2 根光纤（双芯）、4 根光纤、6 根光纤，甚至更多光纤（如 48 根光纤、1000 根光纤）。一般单芯光缆和双芯光缆用于光纤跳线，多芯光缆用于室内室外的综合布线。

光缆的分类如下：

（1）按敷设方式分有架空光缆、管道光缆、铠装地埋光缆、水底光缆和海底光缆等。

（2）按光缆结构分有束管式光缆、层绞式光缆、紧抱式光缆、带式光缆、非金属光缆和可分支光缆等。

（3）按用途分有长途通信用光缆、短途室外光缆、室内光缆和混合光缆等。

❸ 光纤连接器

光缆敷设至配线间后连至光纤配线架（光纤终端盒），光缆与一条光纤尾纤熔接，尾纤的连接器插入光纤配线架上光纤耦合器的一端，光纤耦合器的另一端用光纤跳线连接，跳线的另一端通过交换机的光纤接口或光纤收发器与交换机相连，从而形成一条通信链路。

（1）光纤配线设备。光纤配线设备是光缆与光通信设备之间的配线连接设备，用于光纤通信系统中光缆的成端和分配，可方便地实现光纤线路的熔接、跳线、分配和调度等功能。

光纤配线架有机架式光纤配线架、光纤接线盒、挂墙式光缆终端盒和光纤配线箱等类型，可根据光纤数量和用途加以选择，如图4-70、图4-71所示。

图4-70 光纤配线架　　　　　　图4-71 光纤接续盒

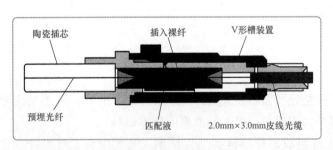

图4-72 光纤连接器的结构

陶瓷插芯　插入裸纤　V形槽装置
预埋光纤　匹配液　2.0mm×3.0mm皮线光缆

（2）光纤连接器。光纤连接器的结构如图4-72所示。

光纤连接器是光纤系统中使用最多的光纤无源器件，是用来端接光纤的。光纤连接器的首要功能是把两条光纤的芯子对齐，提供低损耗的连接。

❹ 光纤的连接

光纤接续是指两段光纤之间的永久连接。光纤接续分为机械接续和熔接两种方法。

机械接续是把两根切割清洗后的光纤通过机械连接部件结合在一起。机械接续部件是一个把两根光纤集中在一起并把它们接续在一起的设备。机械接续可以进行调谐以减少两条光纤间的连接损耗。

光纤熔接是在高压电弧下把两根切割清洗后的光纤连接在一起，熔接时要把两光纤的接头熔化后接为一体。光纤熔接机是专门用于光纤熔接的工具。目前工程中主要采用操作方便、接续损耗低的熔接连接方式。

（1）光纤熔接工具有光纤剥线钳、光纤陶瓷剪刀、光纤熔接机、光纤切割机、光纤接头清洁组、OTDR 测试仪。

光纤熔接工具的作用如下：

1）光纤剥线钳主要用于剥离单根光纤的保护层，使裸纤无损露出，以便光纤成端或接头用。

2）光纤陶瓷剪刀用于切断和修理光纤外的凯夫拉线。

3）光纤熔接机采用芯对芯标准系统设计，能进行光纤的快速、全自动熔接。

4）光纤切割机用于光纤的精密切割，光纤切割笔用于光纤的简易切割。

5）光纤接头清洁组用于光纤接头快速清洁，鹿皮擦拭棒使用后不留残屑。

6）OTDR 测试仪为光时域反射仪，其原理是：往光纤中传输光脉冲时，由于在光纤中散射的微量光，返回光源侧后，可以利用时基来观察反射的返回光程度。它被广泛应用于光缆线路的维护、施工之中，可进行光纤长度、光纤的传输衰减、接头衰减和故障定位等的测量。

（2）光纤连接采用熔接方式。熔接是通过将光纤的端面熔化后将两根光纤连接到一起的，这个过程与金属线焊接类似，通常要用电弧来完成。

熔接连接光纤不产生缝隙，因此不会引入反射损耗，入射损耗也很小，在 0.01～0.15dB 之间。在光纤进行熔接前要把它的涂敷层剥离。机械接头本身是保护连接的光纤的护套，但熔接在连接处却没有任何保护。因此，熔接光纤设备包括重新涂敷器，它涂敷熔接区域。作为选择的另一种方法是使用熔接保护套管。它们是一些分层的小管，其基本结构和通用尺寸如图 4-73 所示。

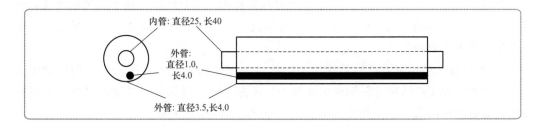

内管：直径25，长40

外管：直径1.0，长4.0

外管：直径3.5，长4.0

图 4-73　光纤熔接保护套管的基本结构和通用尺寸

将保护套管在接合处，然后对它们进行加热。内管是由热缩材料制成的，因此这些套管就可以牢牢地固定在需要保护的地方，加固件可避免光纤在这一区域受到弯曲。

（3）光纤熔接操作步骤：

1）开剥光缆，并将光缆固定到接续盒内。在开剥光缆之前应去除施工时受损变形的部分。使用专用开剥工具，将光缆外护套开剥长度在 1m 左右。如果是铠装光缆，用老虎钳将铠装光缆护套里护缆钢丝夹住，利用钢丝将线缆外护套开剥，并将光缆固定在接续盒内，用卫生纸将油膏擦拭干净后，穿入接续盒。固定钢丝时一定要压紧，不能有松动。否则，有可能造成光缆打滚折断纤芯。注意，剥光缆时不能伤到束管。

操作提示：在剥除光纤的套管时要使套管长度足够伸进熔纤盘内，并有一定的滑动余地，使得翻动纤盘时避免套管口上的光纤受到损伤。

2）分纤。将不同束管、不同颜色的光纤分别穿过热缩管。剥去涂覆层的光纤很脆弱，使用热缩管可以保护光纤熔接头。

3）准备熔接机。打开熔接机电源，采用预置程式进行熔接，并在使用中和使用后及时去除熔接机中的灰尘，特别是夹具、各镜面和 V 形槽内的粉尘和光纤碎末。熔接前要根据系统使用的光纤和工作波长来选择合适的熔接程序。如没有特殊情况，一般都选用自动熔接程序。

4）制作对接光纤端面。光纤端面制作质量将直接影响光纤对接后传输质量，所以在熔接前一定要做好被熔接光纤的端面。首先用光纤熔接机配置的光纤专用剥线钳剥去光纤纤芯上的涂敷层，再用蘸酒精的清洁棉在裸纤上擦拭几次，用力要适度，然后用精密光纤切割刀切割光纤，切割长度一般为 10～15mm。

5）放置光纤。将光纤放在熔接机的 V 形槽中，小心压上光纤压板和光纤夹具，要根据光纤切割长度设置光纤在压板中的位置，一般将对接光纤的切割面基本都靠近电极尖端位置。关上防风罩，按"SET"键即可自动完成熔接。需要的时间一般根据使用的熔接机而不同，一般需要 8～10s。

6）移出光纤，用加热炉加热热缩管。打开防风罩，把光纤从熔接机上取出，再将热缩管放在裸纤中间，然后放到加热炉中加热。加热器可使用 20mm 微型热缩套管和 40mm 及 60mm 一般热缩套管，20mm 热缩管需 40s，60mm 热缩管为 85s。

7）盘纤固定。将接续好的光纤盘到光纤收容盘内。在盘纤时，盘圈的半径越大，弧度越大，整个线路的损耗越小。所以必须要保持一定的半径，使激光在光纤传输时，避免产生一些不必要的损耗。

8）密封和挂起。如果野外熔接时，接续盒一定要密封好，防止进水。熔接盒进水后，由于光纤及光纤熔接点长期浸泡在水中，可能会先出现部分光纤衰减增加。最好将接续盒做好防水措施并用挂钩挂在吊线上。至此，光纤熔接完成。

❺ 光纤配线架的安装

在综合布线系统中，最常用的光纤管理器件是安装在机柜内的机架式光纤配线架。各厂家的机架式光纤配线架的结构有所差异，但功能是相类似的。光纤配线架对光纤起到较好的保护作用，并提供了一系列光纤连接器实现光纤端接管理工作。

应用举例：以 IBDNFiber‐Express 机架式光纤配线架为例，介绍其安装步骤。

（1）打开并移走光纤配线架的外壳，在配线架内安装上耦合器面板，如图 4‐74 所示。

（2）用螺钉将光纤配线架固定在机架合适的位置上。

（3）从光缆末端分别测量出 297.2cm 和 213.4cm 位置并打上标志，以便后续的光缆安装。

（4）距光缆末端297.2cm处剥除光缆的外皮并清洁干净，在距光缆末端111.8cm处打上标志，并在光缆已剥除外皮的部分覆盖一层电工胶带，以便进行光缆的固定。

（5）按要求将光缆穿放到机架式光纤配线架并对光缆进行固定。

（6）将光缆各纤芯与尾纤熔接好后，各尾纤在配线架内盘绕安装并接插到配线架的耦合器内，如图4-75所示。

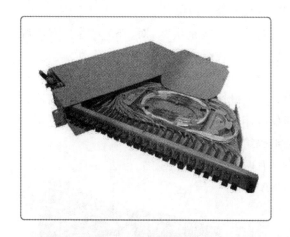

图4-74 配线架内安装耦合器面板

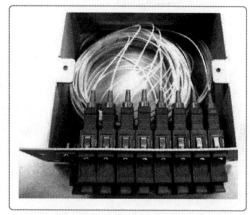

图4-75 光纤及尾纤盘绕安装并插入耦合器

（7）将光纤配线架的外壳盖上，在配线架上标签区域写下光缆标记。

（8）移去耦合器防尘罩，接插光纤跳线到耦合器，另一端连接设备的光纤接口。

6 **双绞线的连接**

双绞线是综合布线系统中最常用的传输介质，主要应用于计算机网络、电话语音等通信系统。双绞线由按规则螺旋结构排列的两根、四根或八根绝缘导线组成。一个线对可以作为一条通信线路，各线对螺旋排列的目的是为了使各线对发出的电磁波相互抵消，从而使相互之间的电磁干扰最小。

（1）双绞线的应用。双绞线分为屏蔽双绞线（Shielded Twisted Pair，STP）和非屏蔽双绞线（Unshidlded Twisted Pair，UTP）两类，如图4-76所示。屏蔽双绞线电缆的外层由铝箔包裹，相对非屏蔽双绞线具有更好的抗电磁干扰能力，造价也相对高一

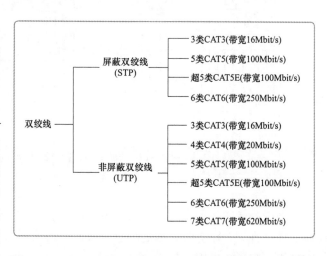

图4-76 综合布线系统中使用的双绞线种类

图4-77 超5类双绞线

些，如图4-77所示。

目前网络布线中常用超5类双绞线和6类双绞线，6类双绞线主要用于千兆以太网的数据传输。

对双绞线电缆内每根铜导线的绝缘层都用色标来标记，导线的颜色标记具体为白橙/橙、白蓝/蓝、白绿/绿、白棕/棕。

大对数双绞线是由25对、50对等具有绝缘保护层的铜导线组成的，如图4-78所示。它有3类、5类、超5类等，为用户提供更多的可用线对，并被设计为扩展的传输距离上实现高速数据通信应用，传输速度为100MHz。导线色彩由蓝、橙、绿、棕、灰和白、红、黑、黄、紫编码组成。

（2）双绞网络跳线制作标准。双绞网络线有两种接法：EIA/TIA568B标准和EIA/TIA568A标准。如图4-79所示。

1）T568A线序为白绿、绿、白橙、蓝、白蓝、橙、白棕、棕。

2）T568B线序为白橙、橙、白绿、蓝、白蓝、绿、白棕、棕。

图4-78 大对数双绞线

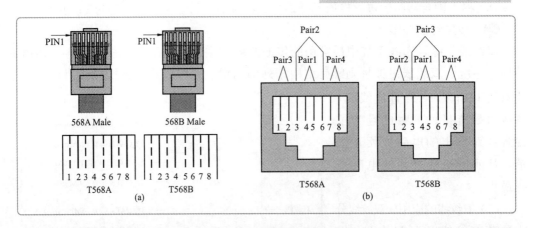

图4-79 T568A及T568B标准件和示意图
（a）标准件；（b）示意图

当网络跳线两端采用同一制线标准（同为T568A标准或T568B标准），即两端都是同样的线序且一一对应时，称之为直通线。直通线用来连接两台不同的设备，如计算机至交换机。直通线应用最广泛。

当网络跳线两端采用不同制线标准（一端为T568A标准，另一端为T568B标准），即两端线序不同时，称之为交叉线。交叉线用来连接两台相同的设备，如两台计算机之间、两台交换机之间等。

操作经验指导：

1）在一个工程中，所有的连接应该采用同一种连接标准，一般采用 T568B 标准。

2）在使用制作的交叉线时，应该设置特别标注，以防误用。

3）水晶头（RJ45 连接器）。RJ45 水晶头一样晶莹透明，所以也被俗称为水晶头，每条双绞线两头通过安装 RJ45 水晶头来与网卡和集线器（或交换机）相连，如图 4-80 所示。

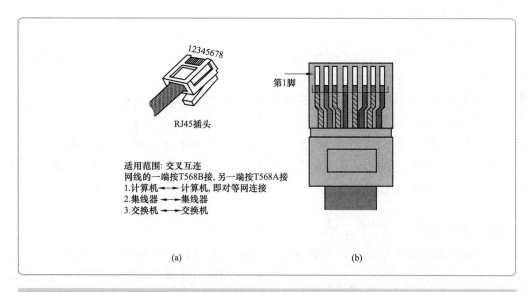

图 4-80　RJ45 水晶头

（a）标准件；（b）示意图

RJ45 水晶头由金属片和塑料构成，制作网线所需要的 RJ45 水晶接头前端有 8 个凹槽，简称"SE"（位置）。凹槽内的金属触点共有 8 个，简称"8C"（触点），因此业界对此有"8P8C"的别称。特别需要注意的是 RJ45 水晶头引脚序号，当金属片面对我们的时候从左至右引脚序号是 1~8，序号对于网络连线非常重要，不能搞错。

（3）网络跳线。如图 4-81 所示，网络跳线是一个可以活动的部件，外层是绝缘塑料，内层是导电材料，可以插在跳线针上面，将两根跳线针连接起来。当跳线帽扣在两根跳线针上时是接通状态，有电流通过，称之为 ON；反之不扣上跳线帽时，就说明是断开的，称之为 OFF。

图 4-81　网络跳线

网络跳线的制作步骤：

1）直接从实训材料包中取出 500mm 长的双绞线 1

根，也可以在整箱网线中剪取实训所需要长度的双绞线，再将护套穿过双绞线。

2）利用剥线器剥去双绞线外皮约 2cm，特别注意不能损伤线芯，并将 4 对线呈扇状拨开，顺时针从左到右依次为"白橙/橙"、"白蓝/蓝"、"白绿/绿"、"白棕/棕"。

3）再将每一对线分开排齐，注意调整 2、3 对线的位置，使 8 条芯线按照 568B 接线色谱依"白橙"、"橙"、"白绿"、"蓝"、"白蓝"、"绿"、"白棕"、"棕"的顺序，按照顺时针方向排列整齐。

4）将 8 条线并拢后用压线钳剪齐，并留下约 14mm 的长度。

5）将并拢的双绞线插入 RJ45 接头中，注意"白橙"线要对着 RJ45 的第 1 引脚。

6）将 RJ45 接头放入压接槽，一面将线往接头前端顶住，一面用力将压线钳夹紧。压紧接头后将压线钳松开并取出 RJ45 接头即可。注意压过的 RJ45 接头，其 8 个金属引脚一定要比未压过的低，这样才能顺利嵌入芯线中。抽出接头后，再把护套推往接头方向，套住接头，就算完成单边接头的压接。

7）重复步骤 1）～6），压好另一端的 RJ45 接头，这条电缆就可以使用了。

8）将做好的跳线两端的 RJ45 水晶头分别插入网络跳线测试仪 RJ45 口中，听到"咔"的一声，就说明顺利完成了网线与测试口的连接，这时对应的 8 个指示灯依次闪烁。

如需制作交叉线，双绞线两端分别采用 T568B 标准和 T568A 标准即可。此时测试时，测试仪主、从两端的亮灯顺序对应为 1 - 3、2 - 6、3 - 1、4 - 4 和 5 - 4、6 - 2、7 - 7、8 - 8。

⑦ 信息模块

信息模块是信息插座的主要组成部件，它提供了与各种终端设备连接的接口，如

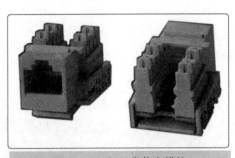

图 4 - 82 超 5 类信息模块

图 4 - 82所示。连接终端设备类型不同，安装的信息模块的类型也不同。连接计算机的信息模块根据传输性能的要求，可以分为 5 类、超 5 类、6 类信息模块，又有屏蔽和非屏蔽之分。

信息模块的端接标准：EIA/TIA568A 和 EIA/TIA568B。两类标准规定的线序压接顺序有所不同，压接时需要按照信息模块上的色标进行压接。信息模块安装于信息插座面板内。

（1）信息插座面板的作用。如图 4 - 83所示，信息插座常用面板分为单口面板和双口面板，面板外形尺寸符合国标 86 型、120 型。86 型面板的宽度和长度分别是 86mm，通常采用高强度塑料材料制成，适合安装在墙面，具有防尘功能。

此面板应用于工作区的布线子系统，表面带嵌入式图表及标签位置，便于识别数据和语音端口，并配有防尘滑门用于保护模块、遮蔽灰尘和污物。

（2）信息插座面板底盒的作用。底盒是用来固定信息插座的。常用底盒分为明装底盒和暗装底盒。明装底盒通常采用高强度塑料材料制成，而暗装底盒采用塑料材料或金属材料。

（3）RJ45 信息模块的压接。

1）使用剥线工具，在距线缆末端 10cm 处剥除线缆的外皮。

2）将 4 对双绞线按线对分开，但先不要拆开各线对，只有在将相应线对预先压入打线柱时才拆开。

3）按照信息模块上所指示的色标选择我们编好的线序模式（提示：在一个布线系统中最好统一采用一种线序模式，否则接乱了致使网络不通则很难查），将剥皮处与模块后端面平行，两手稍旋开绞线对，稍用力将导线压入相应的线槽内，如图 4 - 84 所示。

4）全部线对都压入各槽位后，就可用 110 打线工具将一根根线芯进一步压入线槽中。

5）信息插座的安装。模块端接完成后，接下来就要安装到信息插座内，以便工作区内终端设备的使用。

图 4 - 83　信息插座面板

在双绞线的另一端也端接好信息模块（或者压接好水晶头），最后用线缆测试仪测试压接好的模块。

图 4 - 84　按色标指示压线

操作经验指导：将信息面板的外扣盖取下，将信息模块对准信息面板上的槽扣轻轻压入，再将信息面板用螺钉固定在信息插座的底盒上，最后将外扣盖扣上。信息插座的安装位置如图 4 - 85 所示。

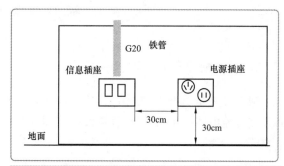

图 4 - 85　信息插座的安装图

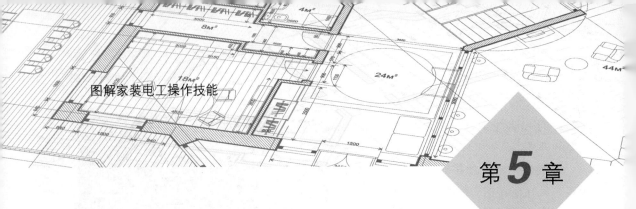

第**5**章

住宅配电电器与电子式电能表

 本章要点

熟练掌握常用低压配电电器的作用、性能、结构；正确的安装步骤和常见故障的处理，熟练掌握低压配线操作；能准确查阅低压电器的工作性能与技术参数资料。

低压电器是指使用在 380/220V 电路中的控制和用电设备。低压电器是一种能根据外界的信号和要求，手动或自动地接通、断开电路，以实现对电路或非电对象的切换、控制、保护、检测、变换和调节。低压电器可分为闸刀开关、刀形转换开关、熔断器、低压断路器、接触器、继电器、主令电器和自动开关等。

 5.1 闸刀开关与熔断器

5.1.1 闸刀开关

闸刀开关是一种手动配电电器，如图 5-1 所示。它主要用来隔离电源或手动接通与断开交直流电路，也可用于不频繁地接通与分断额定电流以下的负载，如小型电动机、电炉等。

> **闸刀开关操作经验指导：** 闸刀开关在分闸位置时有一个很明显的"断开点"，能看清线路与电源呈分开位置，所以在电路中主要起隔离作用。当线路或设备检修时将闸刀开关断开即与电源分开，设备或线路将不会带电。由于闸刀开关没有专门的灭弧装置，所以严禁带负荷拉合闸刀开关。

闸刀开关也称开启式负荷开关，是最经济但技术指标偏低的一种刀开关。

闸刀开关的安装操作：

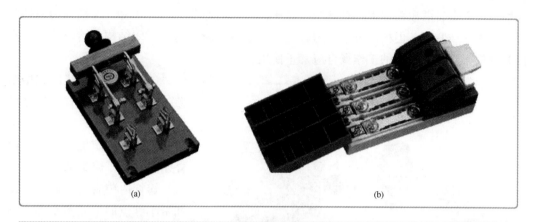

图 5-1　闸刀开关

(a) 单相闸刀开关；(b) 三相闸刀开关

（1）必须将电源线接在静触点上。静触点始终带电，动触点开关关闭时带电，断开时不带电。闸刀开关有两个触点，一个固定不动是静触点，另一个连接闸刀的是动触点。电源线必须接在静触点上才能保证断电时闸刀的金属部分没电。如果电源线接在动触点上，那么闸刀总是带电的，拉下来会电人。

（2）将电源线接在熔丝上是错的，这样接熔丝始终有电，更换时人会触电。应当接在动触点上，断电时熔丝没电了，可以安全更换。

（3）静触点装在下边也不对，一般静触点在上边。

5.1.2　熔断器

❶　熔断器的作用

熔断器是安装在电路中保证电路安全运行的电器元件。当电路发生故障或异常时，伴随着电流的不断升高，并且升高的电流有可能损坏电路中的某些重要器件或贵重器件，也有可能烧毁电路甚至造成火灾。若电路中正确地安置了熔断器，那么熔断器就会在电流异常升高到一定的高度时，自身熔断切断电流，从而起到保护电路安全运行的作用。

❷　熔断器的主要类型

（1）RC1A 系列熔断器。RC1A 系列熔断器结构简单，由熔断器瓷底座和瓷盖两部分组成，如图 5-2 所示。熔丝用螺钉固定在瓷盖内的铜闸片上，使用时将瓷盖插入底座，拔下瓷盖便可更换熔丝。由于该熔断器使用方便、价格低廉而应用广泛。

RC1A 系列熔断器主要用于交流 380V 及以下的电路末端作

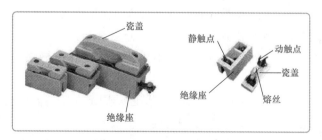

图 5-2　RC1A 系列熔断器

线路和用电设备的短路保护，在照明线路中还可起过载保护作用。RC1A系列熔断器额定电流为5～200A，但极限分断能力较差。由于该熔断器为半封闭结构，熔丝熔断时有声光现象，在易燃易爆的工作场合应禁止使用。

（2）RL1系列螺旋式熔断器。RL1系列螺旋式熔断器结构如图5-3所示。

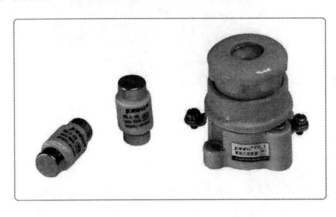

图5-3　RL1系列螺旋式熔断器

RL1系列螺旋式熔断器由瓷帽、瓷套、熔管和底座等组成。熔管内装有石英砂、熔丝和带小红点的熔断指示器。当从瓷帽玻璃窗口观测到熔断指示器自动脱落时，表示熔丝熔断了。熔管的额定电压为交流500V，额定电流为2～200A。该熔断器常用于机床控制线路（但安装时注意上下接线端接法）。

③　熔断器的选用

（1）熔断器的工作电压与其熔管长度及绝缘强度有关。不能把熔断器用在高于其额定电压的回路中，也不能把大熔片装到小熔管中。

（2）熔断器的额定电流应大于电气线路长期通过的最大工作电流。熔断器壳体的载流部分和接触部分不会因通过工作电流而损坏。熔断器的额定电流不得小于熔体的额定电流。

（3）熔断器的保护特性必须与保护对象的过载特性有良好的配合，使其在整个曲线范围内获得可靠的保护。

熔断器的安装操作：

（1）安装前，应检查熔断器的额定电压是否大于或等于线路的额定电压，熔断器的额定分断能力是否大于线路中预期的短路电流，熔体的额定电流是否小于或等于熔断器支持件的额定电流。

（2）熔断器一般应垂直安装应保证熔体与触刀以及触刀与刀座的接触良好，并能防止电弧飞落到邻近的带电部分上。

（3）安装时应注意，不要让熔体受到机械损伤，以免因熔体截面变小而发生误动作。

（4）安装时应注意，使熔断器周围介质的温度与被保护对象周围介质的温度尽可能保持一致，以免保护特性产生误差。

（5）安装必须可靠，以免有一相接触不良，出现相当于一相断路的情况，致使电动机因断相运行而被烧毁。

（6）安装带有熔断指示器的熔断器时，指示器应安装在便于观察的位置。

（7）熔断器两端的连接线应连接可靠，螺钉应拧紧。

（8）熔断器的安装位置应便于更换熔体。

（9）安装螺旋式熔断器时，熔断器下接线板的接线端应安装在L方并与电源线连接，连接金属螺纹壳体的接线端应装在下方，并与用电设备相连。有油漆标志端向外，两熔断器间的距离应留有手拧的空间，不宜过近。这样更换熔体时，螺纹壳体上就不会带电，从而保证了人身安全。

5.1.3 常用闸刀开关、低压熔断器的技术数据

❶ 常用 HD 系列开启式单投刀开关

常用 HD 系列开启式单投刀开关型号及主要技术数据见表 5-1。

表 5-1　　　　　　常用 **HD** 系列开启式单投刀开关型号及主要技术数据

产品型号	额定工作电压（V）	额定工作电流（A）	额定短时（1s）耐受电流/动稳定电流峰值（kA）	通断能力（A）		操作力（N）	主要特征
				AC380V	DC220V		
HD11	AC380 DC220 DC440	100	6/15	100	100	≤300	中央手柄式 板前、板后接线极数：1、2、3
		200	10/20	200	200		
		400	20/30	400	400	≤400	
		600	25/40	600	600		
		1000	30/50	1000	1000	≤450	
		1500	50/—	1500	1500		
HD12	AC380 DC220 DC440	100	6/20	100	100	≤300	侧方正面杠杆操作机构式 有灭弧室和无灭弧室两种 极数：2、3
		200	10/30	200	200		
		400	20/40	400	400	≤400	
		600	25/50	600	600		
		1000	30/60	1000	1000	≤450	
		1500	40/80	1500	1500		
HD13	AC380 DC220 DC440	100	6/20	100	100	≤300	中央杠杆操作结构式 有灭弧室和无灭弧室两种 极数：2、3
		200	10/30	200	200		
		400	20/40	400	400	≤400	
		600	25/50	600	600		
		1000	30/60	1000	1000		
		1500	40/80	1500	1500	≤450	
		2000	50/100	2000	2000		
		3000	50/100	3000	3000		
HD14	AC380 DC220 DC440	100	6/15	100	100	≤300	侧方手柄式 有灭弧室和无灭弧室两种
		200	10/20	200	200		
		400	20/30	400	400	≤400	
		600	25/40	600	600		

② 常用 HS 刀形转换双投刀开关

常用 HS 刀形转换双投刀开关型号及主要技术数据见表 5-2。

表 5-2　　　　　　　常用 HS 刀形转换双投刀开关型号及主要技术数据

产品型号	额定工作电压（V）	额定工作电流（A）	额定短时（1s）耐受电流/动稳定电流峰值（kA）	通断能力（A）		操作力（N）	主要特征
				AC380V	DC220V		
HS11	AC380 DC220 DC440	100	6/15	100	100	≤300	中央手柄式 板前、板后接线极数：1、2、3
		200	10/20	200	200		
		400	20/30	400	400	≤400	
		600	25/40	600	600		
		1000	30/50	1000	1000	≤450	
		1500	50/—	1500	1500		
HS12	AC380 DC220 DC440	100	6/20	100	100	≤300	侧方正面杠杆操作机构式 有灭弧室和无灭弧室两种 极数：2、3
		200	10/30	200	200		
		400	20/40	400	400	≤400	
		600	25/50	600	600		
		1000	30/60	1000	1000	≤450	
HS13	AC380 DC220 DC440	100	6/20	100	100	≤300	中央杠杆操作结构式 有灭弧室和无灭弧室两种 极数：2、3
		200	10/30	200	200		
		400	20/40	400	400	≤400	
		600	25/50	600	600		

③ 常用 HR 系列熔断器式刀开关

常用 HR 系列熔断器式刀开关型号及主要技术数据见表 5-3。

表 5-3　　　　　　常用 HR 系列熔断器式刀开关型号及主要技术数据

产品型号	额定工作电压（V）	额定工作电流（A）	熔体额定电流（A）	刀开关分断能力（A）		熔断器分断能力（A）		主要特征
				AC380V	DC440V	AC380V	DC440V	
HR3	AC380 DC440	100	30、40、50、60、80、100	100	100	50000		操作方式有正面侧方杠杆式、正面中央杠杆式、侧面手柄式、无面板侧方杠杆式 极数：2、3
		200	80、100、120、150、200	200	200	—	5000	
		400	150、200、250、300、350、400	400	400	—		
		600	350、400、450、500、550、600	600	600	—		
		1000	700、800、900、1000	1000	1000	25000		
HR5	AC380 AC660	100	4～16（NT00）	100	—	50000	—	熔断信号装置 有：无 极数：2、3
		200	80～250（NT1）	200	—			
		400	125～400（NT2）	400	—			
		630	315～630（NT3）	630	—			

续表

产品型号	额定工作电压（V）	额定工作电流（A）	熔体额定电流（A）	刀开关分断能力（A）		熔断器分断能力（A）		主要特征
				AC380V	DC440V	AC380V	DC440V	
HR6	AC380 DC660	160	4～160（NT00）	960	480	50000	—	可装隔离刀片或熔断体，可装接通分断信号装置和断相信号器
		250	80～250（NT1）	1500	750			
		400	125～400（NT2）	2400	1200			
		630	315～630（NT3）	3780	1890			
HR11	AC415	100	100	300		50000		有中性接线柱和开启式或封闭式 极数：2、3
		200	200	600				
		315	315	945				
		400	400	—				

④ 常用螺旋式熔断器

常用螺旋式熔断器型号及主要技术数据见表 5－4。

表 5－4　　　　　　　　**常用螺旋式熔断器型号及主要技术数据**

产品型号	额定工作电压（V）	额定电流（A）		额定分断能力（kA）	额定功率（W）	熔体尺寸（mm）	
		支持体	熔体				L
RLI	AC400	15	2、4、6、10、15	25	2.5	32	17
		60	20、25、30、35、40、50、60		5.5	48	27
		100	60、80、100	50	7	62	34
		200	100、125、150、200		20	58	52
RL6	AC500	25	2、4、6、10、16、20、25	80	4	49	22.5
		63	35、50、63		7	49	28
		100	80、100	50	9	56	38
		200	125、160、200		19	56	52
RL7	AC660	25	2、4、6、10、16、20、25	25	6.3	69	22.5
		63	35、50、63		13.4	69	28
		100	80、100		16.8	76	38.5
RL8	AC380	16	2、4、6、10、16	50	2.2	36	11
		63	20、25、35、50、63		5.5	36	15.3
RLS1	AC500	10	3、5、10	50	—	32	17
		50	15、20、25、30、40、50		—	48	27
RLS2	AC500	30	16、20、25、30	50	18	49	22.5
		63	35、（45）、50、63		32.5	49	28
		100	（70）、80、（90）、100		54	56	38

5.2 断 路 器

5.2.1 低压自动断路器的用途和分类

低压自动断路器通称自动空气开关，是低压配电电网中主要的开关电器之一。它不仅可以接通和分断正常的负载电流/电动机的工作电流和过载电流，而且可以接通和分断短路电流。低压自动断路器主要在不频繁操作的低压配电线路或开关柜（箱）中作为电源开关使用，并对线路电气设备及电动机等起保护作用，当发生严重的过电流、过载、短路、断相、漏电等故障时，能自动切断线路，起到保护作用。

图 5-4 所示为 RMC1 系列高分断小型断路器。

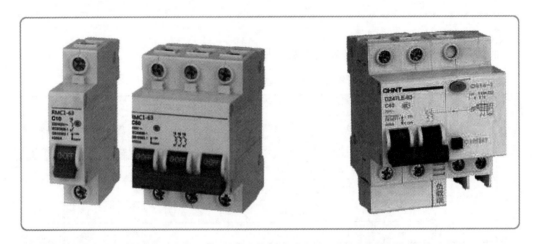

图 5-4　RMC1 系列高分断小型断路器

① 自动断路器的种类

（1）按结构形式分，有万能式（又称框架式）、塑料外壳式、小型数模式。

（2）按灭弧介质分，有空气断路器和真空断路器。

（3）按用途分，有配电用断路器、电动机保护用断路器、照明用断路器和漏电保护断路器，见表 5-4。

（4）按主电路极数分，有单极、两极、三极、四极断路器；小型短路器还可以组合拼装成多极断路器。

（5）按保护脱扣器种类分，有短路瞬时脱扣器、短路延时脱扣器、过载长延时反时限保护脱扣器、欠电压瞬时脱扣器、漏电保护脱扣器等。脱扣器是断路器的一个组成部分，根据不同的用途断路器可以配备不同的脱扣器。

（6）按操作方式分，有手动操作、电动操作和储能操作。

（7）按是否具有限流性能分，有一般型不限流断路器和快速限流型断路器。

（8）按安装方式分，有固定式、插入式和抽屉式。

❷ 断路器的特性

按用途分类断路器的特性见表 5－5。

表 5－5　　　　　　　　　　　　　按用途分类断路器的特性

断路器类型	电流类型和范围	保护类型	保护特性		主要用途
配电线路保护	交流 200～400A	选择型 B 类	两段保护	瞬时 短延时	电源总开关和支路近电源端开关
			三段保护	瞬时 短延时 长延时	
		非选择型 A 类	限流型	长延时	支路近端开关和支路末端开关
			一般型	瞬时	
	直流 60～6000A	快速型	有极性、无极性		保护晶闸管交流设备
	直流 60～6000A	一般型	长延时、瞬时		保护一般电气设备
电动机保护	交流 60～600A	直接启动	一般型	过电流脱扣器瞬动倍数（8～15）I_N	保护笼型电动机
			限流型	过电流脱扣器瞬动倍数 12I_N	保护笼型电动机，还可装于接近变压器端
		间接启动	过电流脱扣器瞬动倍数（8～15)I_N		保护笼型、绕线型电动机
照明及导线保护	交流 5～50A	过载长延时、短路瞬时			单极，除了用于照明外还用于建筑内电气设备
漏电保护	交流 20～200A	15/30/50/75/100mA 在 0.1s 内分断			确保人身安全，防漏电
特殊用途	交流或直流	一般只需要瞬时动作			如灭磁开关

5.2.2　小型断路器的技术数据

❶ 小型断路器常用型号及主要技术数据见表 5－6。

表 5－6　　　　　　　　　小型断路器常用产品型号及主要技术数据

产品型号	额定电流（A）	额定电压（V）	脱扣范围（特性）	额定剩余动作电流（mA）	额定短路分断能力（$I_{\Delta N}$)/(kA)	极数	外形尺寸（A×B×C）（mm×mm×mm）
CDB7－63	1～3	230/400	B、C、D	—	6	1、2、3、4	18×76.5×85（1P）
CDB7LE－63	6～63	230/400	B、C、D	30、50、75、100、300	6	1、2、3、4	54×76.5×85（1P）
CDL7－63	10～63	230/400	（A 型、AC 型）	30、100、300	6	2、4	36×76.5×85（2P）

注：CD7 系列为德力西公司开发的小型断路器；CDB7 系列可增加欠电压脱扣器、分励脱扣器、辅助触点等，同时可派生模数化指示灯，交直流小型断路器和 18mm 宽中带 1P＋N 的小型断路器，CDB7LE 为电子式漏电断路器，CDL7 为电磁式漏电保护器

产品型号	额定电流（A）	额定电压（V）	脱扣范围（特性）	额定剩余动作电流（mA）	额定短路分断能力（$I_{\triangle N}$）/（kA）	极数	外形尺寸（A×B×C）（mm×mm×mm）
NB1－63	1～3	230/400	B、C、D	—	6	1、2、3、4	18×77×86（1P）
NB1L－63	6～63	230/400	B、C、D	30、50、75、100、300	6	1、2、3、4	54×77×86（1P）
NL1－63	25、40、63	230/400	（A型、AC型）	30、100、300	6	2、4	36×78×84（2P）

注：N系列为正泰公司开发的小型断路器，NB1系列小型断路器可增加欠电压脱扣器、分励脱扣器、辅助触点等，NB1L为电子式漏电断路器，NL1为电子式保护器

产品型号	额定电流（A）	额定电压（V）	脱扣范围（特性）	额定剩余动作电流（mA）	额定短路分断能力（$I_{\triangle N}$）/（kA）	极数	外形尺寸（A×B×C）（mm×mm×mm）
C65	1～63	230/400	B、C、D	—		1、2、3、4	18×70×81（1P）
VigiC65（G）	32、63	230/400	AC	30	6（N型）10（H型）		36×70×81（2P）54×70×81（3P）72×70×81（4P）
DPN DPNVigiG NC100HC	3～20 6～20 63～125	230/400 230 240/415	C C、D	30AC	4.5 6	1P+N 1、2、3、4	18×68×77 36×68×77 27×70×81（1P）

注　C65系列是施耐德公司的产品型号，原C45已不生产，但市场上型号为DZ47的产品与C45相同。C65系列产品的特点是分断能力、冲击电压、电压保护、速闭合等技术参数都比C45有明显提高，同时也增加了产品品种，以满足不同用户的需求。C65具有隔离功能，也可用于直流系统；VigiC65漏电保护具有独立的复位手柄和故障指示，有电磁式和电子式两种，容易安装

产品型号	额定电流（A）	额定电压（V）	脱扣范围（特性）	额定剩余动作电流（mA）	额定短路分断能力（$I_{\triangle N}$）/（kA）	极数	外形尺寸（A×B×C）（mm×mm×mm）
S230	6～63	230/400	B、C	—	3	1、2、3、4	17.5×68×90（1P）
S250	6～63	230/400 DC60，110	B、C	—	6	1P+N 3P+N	35×68×90（2P）52.5×68×90（3P）
S270	0.5～63	230/400 DC60，110	B、C	—	10		72×68×90（4P）
F360	16～80	230/400 240/415	（0.5～1.0）×$I_{\triangle N}$	10、30、300	6	2、4	35×68×90（2P）70×68×90（4P）
F370	16～63	230/400 240/415	（0.11～1.4）×$I_{\triangle N}$（A型）（0.5～1.0）×$I_{\triangle N}$（AC型）	10、30、100、300、500	6	2、4	35×68×90（2P）70×68×90（4P）
F390	40	230/400 240/415	（0.11～1.4）×$I_{\triangle N}$（A型）（0.5～1.1）×$I_{\triangle N}$（AC型）	300	6	4	70×68×90
F660	80～100	230/400 240/415	（0.5～1.0）×$I_{\triangle N}$	10、30、300	6	2	35×68×90
DS650	16～63	230/400 240/415	（0.5～1.0）×$I_{\triangle N}$	30	6	1+N、2、4	35×68×90（2P）70×68×90（4P）

续表

产品型号	额定电流 (A)	额定电压 (V)	脱扣范围 (特性)	额定剩余动作电流 (mA)	额定短路分断能力 $(I_{\triangle n})/(kA)$	极数	外形尺寸 $(A\times B\times C(mm\times mm\times mm)$
DS651	6~32	230	B、C、K	30	6	1+N	35×68×97

S200 系列小型断路器和 F 系列、DS 系列漏电断路器都为 ABB 公司生产的产品，S200 系列小型断路器每极都可用挂锁及相应附件锁定在闭合或分断位置，可装分励脱扣器，也可装信号触点和辅助触点。F 系列不带过电流保护，为整体式，采用了零件电流互感器和电磁式漏电脱扣器，灵敏度相当高，发生接地故障电流时，能迅速断开电路，保护人身不受电击、设备不受火灾危害。DS 系列为电磁式漏电断路器，带过载保护，但只有 1P+N

5SX	0.3~125	AC230/400 DC220/440	A、B、C、D	—	6、10 (包括直流)	1~4P、1P+N 3P+N	62 (60) ×90，76×90
5SM	16~80	230/400	AC、A	10、30、100、300、500	4、5	2、4	35×68.5×90.5
5SU	6~40	230/400	B、C	10、30、300	4、5、6、10	2、4、1P+N	35×68.5×90.5

注 5S 为德国西门子公司的产品型号，5S 系列采用了漏斗式组合型接线端子使接线简单可靠；触点系统采用银合金材料（银锡或银石墨），真正做到无熔焊。5SM 采用漏斗式组合型接线端子使接线简单可靠，并可在下接线端子连接汇流母线排。5SU 除具有漏电保护功能外还具有很强的限流能力

② 家用和类似场所的过电流保护断路器

家用和类似场所用过电流保护断路器（也称小型断路器或微型断路器），是 A 类断路器，其典型产品有 C45N、PX200C、DZ47、C65 等。家用和类似场所用过电流保护断路器脱扣器型式有 B、C、D 三种，B 型脱扣电流的脱扣范围在 $3I_N$~$5I_N$ 内，C 型脱扣电流的脱扣范围在 $5I_N$~$10I_N$ 内，D 型脱扣电流的脱扣范围在 $10I_N$~$50I_N$ 内。用户可根据保护对象的需要，任选其中的一种。家用和类似场所用过电流保护断路器的过载脱扣特性见表 5-7。

表 5-7　　　　　家用和类似场所用过电流保护断路器的过载脱扣特性

试验	型式	试验电流	起始状态	脱扣或不脱扣时间极限	预期结果	附注
A	B、C、D	1.13 I_N	冷态	$T\geqslant1h$ ($I_N\leqslant63A$) $T\geqslant2h$ ($I_N>63A$)	不脱扣	
B	B、C、D	1.45 I_N	紧接着 A 项试验	$T<1h$ ($I_N\leqslant63A$) $T<1h$ ($I_N>63A$)	脱扣	电流在 5s 内稳定地上升
C	B、C、D	2.55 I_N	冷态	$1s<T<60s$ ($I_N\leqslant32A$) $1s<T<120s$ ($I_N>32A$)	脱扣	
D	B、C、D	$3I_N$ $5I_N$ $10I_N$	冷态	$T\geqslant0.1s$	不脱扣	闭合辅助开关接通电源
E	B、C、D	$5I_N$ $10I_N$ $20I_N$	冷态	$T<0.1s$	脱扣	闭合辅助开关接通电源

注 "冷态" 之试验前没带负载，而且是在基准的校正温度下进行。

5.3 漏电保护器

漏电保护器简称漏电开关，又称漏电断路器。漏电保护器主要用来在电气设备发生漏电故障时以及对有致命危险的人身触电保护，具有过载和短路保护功能，可用来保护线路或电动机的过载和短路，亦可在正常情况下作为线路的不频繁转换启动之用。

5.3.1 漏电保护器的分类

漏电保护器可以按保护功能、结构特征、安装方式、运行方式、极数和线数、动作灵敏度等分类，这里主要按保护功能和用途分类进行叙述，一般可分为漏电保护继电器、漏电保护开关和漏电保护插座三种。

❶ 漏电保护继电器

漏电保护继电器是指具有对漏电流检测和判断的功能，而不具有切断和接通主回路功能的漏电保护装置。漏电保护继电器由零序互感器、脱扣器和输出信号的辅助触点组成。它可与大电流的自动开关配合，作为低压电网的总保护或主干路的漏电、接地或绝缘监视保护。

图 5 - 5　漏电保护继电器

漏电保护继电器如图 5 - 5 所示。

漏电保护器安装使用提示：

（1）漏电保护器分三极四线式和四极式两种。漏电保护器安装时必须严格区分中性线和保护线（设备外壳接地线）。漏电保护器的中性线应接入漏电保护回路，接零保护线应接入漏电保护器的中性线电源侧，不得接至负荷侧，经过漏电保护器后的中性线不得接设备外露部分，保护线（设备外壳接地线）应单独接地。

（2）漏电保护器负载侧的中性线不得与其他回路共用。

（3）漏电保护器标有负载侧和电源侧时，应严格按其规定。

（4）安装漏电保护器后，不得撤掉低压供电线路和电气设备的接地保护措施。

（5）漏电保护器安装完毕后，应操作试验按钮检验其工作性能，确认正常工作后才能投入使用。

（6）必须由国家法定机构培训合格的专业电工进行安装。

（7）漏电保护器在日常使用中，应每月检查一次试验按钮，观察漏电保护器动作是否正常。使用中漏电保护器动作后，应进行检查。未发现事故原因时，允许试送电一次，如再次动作后，必须查明原因找出故障，严禁强行连续送电。有故障的漏电保护器要及时更换。漏电保护器的使用管理、维护保养，应由专业电工进行，非专业人员不得乱动。除经检查确认漏电保护器本身发生故障外，严禁拆除强行送电。

❷ 漏电保护开关

漏电保护开关是指不仅与其他断路器一样可将主电路接通或断开，而且具有对漏电流检测和判断的功能，当主回路中发生漏电或绝缘破坏时可根据判断结果将主电路接通或断开的开关元件。

家用漏电保护开关如图 5-6 所示，家用漏电保护开关的接线如图 5-7 所示。

图 5-6　漏电保护开关

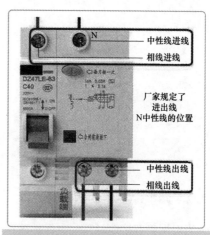

图 5-7　家用漏电保护开关的接线

（1）只具有漏电保护断电功能，使用时必须与熔断器、热继电器、过电流继电器等保护元件配合。

（2）同时具有过载保护功能。

（3）同时具有过载、短路保护功能。

（4）同时具有短路保护功能。

（5）同时具有短路、过负荷、漏电、过电压、欠电压保护功能。

❸ 漏电保护插座

漏电保护插座是指具有对漏电流检测和判断功能并能切断用电回路的电源插座。漏电保护插座的额定电流一般为 10、16A，漏电动作电流为 6～30mA，灵敏度较高，如图 5-8 所示。漏电保护插座常用于手持式电动工具和移动式电气设备的保护及家庭、学校等民用场所。

漏电保护插座的接线：

（1）电源端：通用电线的选用 $1.38～1.78mm^2$（铜）单线专用。

（2）输出端：选用电线 $1.38mm^2$（铜）单线专用。（注：此产品在与普通插座相连接时才具备此输出端接线，此接线方法视情况而采用，如辅助接线图如图 5-8 所示。一般不需接线）

（3）接地端：通用电线的选用 $1.38～1.78mm^2$（铜）单线专用。

（4）辅助接线：在此产品输出端可续接若干个普通插座或开关，同样具有本产品所具有的性能。此接线方法视情况而采用。

图 5-8　漏电保护插座

5.3.2　漏电保护器的特点

（1）当电网确有接地时，漏电保护器正常动作。在这种正常动作中，因电网老化、气候环境变化，电网产生接地点引起的动作占绝大多数，而因人身触电引起的动作则是极少数。

（2）在电网本来没有发生接地，而是漏电保护器在以下情况下可能产生误动：

1）由于漏电保护器是信号触发动作的，那么在其他电磁干扰下也会产生信号触发漏电保护器动作，形成误动。

2）当电源开关合闸送电时，会产生冲击信号造成漏电保护器误动。

3）多分支漏电之和可以造成越级误动。

4）中性线重复接地可能造成串流误动。

（3）漏电保护器存在可能产生拒动的技术误区：

1）当中性线产生重复接地时，会使漏电保护器产生分流拒动，而中性线重复接地点是很难找到的。

2）当电源缺相，所缺相又正好是漏电保护器的工作电源时，会产生拒动。漏电保护器的技术误区大多与电网中性点接地有关：

① 由于中性点接地，电网相线的支撑物常年承受相电压，因而支撑物被击穿，形成电网接地点，造成泄漏，引起漏电保护器频动。

② 由于中性点接地，当相线偶尔接地时会立即产生很大的泄漏电流，不仅增大电损，易引起火灾，而且会加剧漏电保护器的频动。

③ 由于中性点接地，当人身触电时会立即产生很大的电击流，对人的生命威胁非常大，即使有漏电保护器也是先遭电击，再动作保护，如果动作迟缓或失灵，后果会更加严重。

④ 由于中性点接地，电网对地分布电容接在回路中，会加大开关合闸时的对地冲击电流，造成误动。

⑤ 由于中性点已经接地,中性线发生重复接地很难被发现。中性线重复接地会使漏电保护器发生分流拒动和串流误动。

可见漏电保护器的确存在着技术误区,而且这些技术误区与电网中心点接地是密切相关的,而使用漏电保护器时,电网中心点又不能不接地,因此在漏电保护器的技术思路内解决其频动、拒动问题是不大可能的。

5.3.3　电磁式漏电保护器应用范围

❶　必须装漏电保护器(漏电开关)的设备和场所

(1)属于Ⅰ类的移动式电气设备及手持式电动工具(Ⅰ类电气产品,即产品的防电击保护不仅依靠设备的基本绝缘,而且包含一个附加的安全预防措施,如产品外壳接地)。

(2)安装在潮湿、强腐蚀性等恶劣场所的电气设备。

(3)建筑施工工地的电气施工机械设备。

(4)暂设临时用电的电气设备。

(5)宾馆、饭店及招待所的客房内插座回路。

(6)机关、学校、企业、住宅等建筑物内的插座回路。

(7)游泳池、喷水池、浴池的水中照明设备。

(8)安装在水中的供电线路和设备。

(9)医院中直接接触人体的电气医用设备。

(10)其他需要安装漏电保护器的场所。

❷　报警式漏电保护器的应用

对一旦发生漏电切断电源时,会造成事故或重大经济损失的电气装置或场所,应安装报警式漏电保护器。

(1)公共场所的通道照明、应急照明。

(2)消防用电梯及确保公共场所安全的设备。

(3)用于消防设备的电源,如火灾报警装置、消防水泵、消防通道照明等。

(4)用于防盗报警的电源。

(5)其他不允许停电的特殊设备和场所。

5.3.4　漏电保护器的正确安装

漏电保护器安装技术要求:

　　(1)漏电保护器适用于电源中性点直接接地或经过电阻、电抗接地的低压配电系统。对于电源中性点不接地的系统,则不宜采用漏电保护器。因为后者不能构成泄漏电气回路,即使发生了接地故障,产生了大于或等于漏电保护器的额定动作电流,该保护器也不能及时动作切断电源回路;或者依靠人体接触故障点去构成泄漏电气回路,促使漏电保护器动作,切断电源回路。但是,这对人体仍不安全。显而易见,必须具备接地装置的条件,当电气设备发生漏电且漏电电流达到动作电流时,就能在 0.1s 内立即跳闸,切断电源主回路。

　　（2）漏电保护器保护线路的工作中性线要通过零序电流互感器。否则在接通后，就会有一个不平衡电流使漏电保护器产生误动作。

　　（3）接零保护线（PE）不准通过零序电流互感器。因为接零保护线通过零序电流互感器时，漏电电流经接零保护线又回穿零序电流互感器，导致电流抵消，而电流互感器上检测不出漏电电流值。在出现故障时，造成漏电保护器不动作，起不到保护作用。

　　（4）控制回路的工作中性线不能进行重复接地。一方面，重复接地时，在正常工作情况下，工作电流的一部分经由重复接地回到电源中性点，在电流互感器中会出现不平衡电流。当不平衡电流达到一定值时，漏电保护器便产生误动作。另一方面，因故障漏电时，保护线上的漏电电流也可能穿过电流互感器的中性线回到电源中性点，抵消了互感器的漏电电流，而使漏电保护器拒绝动作。

　　（5）漏电保护器后面的工作中性线（N）与保护线（PE）不能合并为一体。如果两者合并为一体时，当出现漏电故障或人体触电时，漏电电流经由电流互感器回流，造成漏电保护器拒绝动作。

　　（6）被保护用电设备与漏电保护器之间的各线互相不能碰接。如果出现线间相碰或零线间相交接，会立刻破坏了零序平衡电流值，而引起漏电保护器误动作；另外，被保护用电设备只能并联安装在漏电保护器之后，接线保证正确，也不允许将用电设备接在试验按钮的接线处。

　　❶　漏电保护器安装前的检查

　　安装前，首先应熟悉漏电保护器铭牌标志，详细阅读使用说明书，熟悉主回路、辅助电源、辅助触点等的接线位置，掌握操作手柄、按钮的开闭位置及动作后的复位方法。然后进行以下检查：

　　（1）检查额定电压与电路工作电压是否一致。

　　（2）检查额定工作电流，其额定工作电流必须大于电路最大工作电流。对于有过电流保护的漏电保护器，其过电流脱扣器的整定电流应与电路最大工作电流相匹配。

　　（3）检查漏电保护器的极限通断能力或短路电流与工作电路的短路电流是否匹配。带短路保护装置的漏电保护器，其极限通断能力必须大于电路短路时可能产生的最大短路电流。否则，应采用一个具有更大短路保护能力的短路保护装置作为后备保护。不带短路保护装置的漏电保护器，由于不具备短路分断能力，所以在电路中应装设短路保护装置（如安装熔断器等作为过电流保护装置）。有些漏电保护器的产品说明书中规定了配用的短路保护装置的性能、规格。对于没有规定配用的短路保护装置规格的漏电保护器，所选用的短路保护装置应保证回路的短路电流不大于漏电保护器的短时耐受电流。

　　（4）检查漏电保护器的动作电流和动作时间，与电路中所装设备的动作电流和动作时间是否相符。

　　❷　漏电保护器的安装

　　（1）漏电保护器的安装位置应尽量远离电磁场。如果装在高温、湿度大、粉尘多或有腐蚀性气体的环境中，则应采取相应的辅助保护措施。例如：靠近火源或受到阳光直射的漏电保护器，应加装隔热板；在湿度大的场所，应选用防潮的漏电保护器并加装防水外壳；在粉尘多或有腐蚀性气体的场所，应将漏电保护器装在防尘或防腐蚀的保护箱内。

（2）安装带有短路保护装置的漏电保护器时，必须保证在电弧飞出方向上有足够的飞弧距离，飞弧距离的大小以漏电保护器生产厂家的规定为准。

（3）组合式漏电保护器外部连接的控制回路，应使用铜导线，其截面积不得小于 $1.5mm^2$，连接线不宜过长。

（4）安装时必须严格区分中性线和保护线，三极四线式或四极式漏电保护器的中性线应接入漏电保护器。经过漏电保护器的中性线不得作为保护线，不得重复接地或接设备的外露可导电部分；保护线不得接入漏电保护器。

（5）安装漏电保护器以后，被保护设备的金属外壳仍应采用保护接地或接零，如图 5-9 所示。

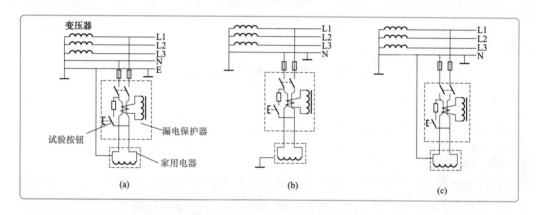

图 5-9　漏电保护器的双重保护接线

（a）三相五线系统中漏电保护和保护接零；（b）三相四线系统中漏电保护和保护接地；

（c）三相四线系统中漏电保护和保护接零

（6）漏电保护器在投入运行前的检查：

1）开关机构动作是否灵活，有无卡阻或滑扣现象。

2）摇测相线端子间、相线与外壳（地）间的绝缘电阻，测得的绝缘电阻值不应低于 $2M\Omega$。但是，对于电子式漏电保护器，不得在极间进行绝缘电阻测试，以免损坏电子元件。

（7）漏电保护器安装后应操作试验按钮，检查保护器的工作特性是否符合要求。试验的方法是：用试验按钮试验三次，在三次试验中保护器均应正确动作；带负荷分合开关三次，保护器均不得误动作；逐相用试验电阻做一次接地试验，保护器应正确动作。

❸　**家用漏电保护开关的安装接线**

家用漏电保护开关的安装如图 5-10 所示。

漏电保护开关应垂直安装，倾斜度不得超过 5°。家庭用漏电保护器一般可安装在电源进线处的配电板（箱）上，紧接在总熔断器之后，如图 5-8 所示。

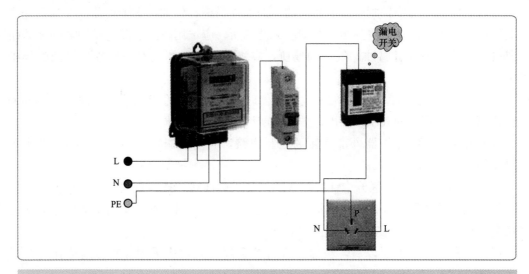

图 5-10　家用漏电保护开关的安装

5.4 电子式电能表

5.4.1 电子式电能表的分类

①　按用途分

有功电能表、无功电能表、最大需量表、标准电能表、复费率分时电能表、预付费电能表（分投币式、磁卡式、电卡式）、损耗电能表、多功能电能表和智能电能表。

②　按工作原理分

感应式（机械式）电能表、静止式（电子式）电能表、机电一体式（混合式）电能表。

③　按接入电源性质分

交流电能表、直流电能表。

④　按结构分

整体式电能表、分体式电能表。

⑤　按接入相线分

单相电能表、三相三线电能表、三相四线电能表。

⑥　按准确级分

普通安装式电能表（0.2S、0.5S、0.2、0.5、1.0、2.0 级）和携带式精密电能表（0.01、0.05、0.2 级）。

⑦　按安装接线方式分

直接接入式电能表、间接接入式电能表。

5.4.2 电子式电能表的型号与计量单位

❶ 型号含义

(1) 第一部分表示类别代号：D—电能表。

(2) 第二部分表示组别代号：

1) 按相线：D—单相；S—三相三线；T—三相四线。

2) 按用途：B—标准；D—多功能；J—直流；X—无功；Z—最大需量；F—复费率；S—全电子式；Y—预付费；H—总耗；L—长寿命；A—安培/小时计。

(3) 第三部分表示设计序号：用阿拉伯数字表示，如 862、864 等。

(4) 第四部分表示改进序号：用小写汉语拼音字母表示。

(5) 第五部分表示派生号：T—湿热和干热两用；TH—湿热带用；G—高原用；H—船用；F—化工防腐用；K—开关板式；J—带接收器的脉冲电能表。

❷ 电能计量单位

(1) 有功电能表的计量单位为 kWh（俗称度：1 度＝3.6×10^6 kWh，在数值上表示功率 1kW 的用电器工作 1h 所消耗的电能）。

(2) 无功电能表的计量单位为 kvarh。

(3) 字轮计度器窗口（液晶显示窗口）：整数位和小数位不同颜色，中间小数点；各字轮有倍乘系数（无小数点时）多功能表液晶显示有整数位和小数位两位。

(4) 准确度等级：相对误差用置于圆圈内的数字表示。

(5) 标定电流：标明于表上作为计算负载的基数电流值：I_b。通常标定电流的 0.005 即为电能表的启动电流。电能表的标定电流越大，电能表计量时的误差越小。

(6) 额定最大电流：电能表能长期正常工作，误差和温升完全满足要求的最大电流值：I_{max}。

(7) 额定电压：

1) 单相电能表标注：220V。

2) 三相表标注法：

① 直接接入式三相三线：3×380V。

② 直接接入式三相四线：$3 \times 380/220$V。

(8) 电能表常数：电能表记录的电能与转盘转数或脉冲数之间关系的比例数：r/kWh；imp/kWh。

(9) 额定频率：50Hz。

5.4.3 单相电子式电能表

复费率电能表的作用：复费率电能表是在普通电子式电能表的基础上增加了微处理器，增加时钟芯片、数码管显示器或液晶显示器、通信接口电路等构成的，如图 5-11 所示。它根据设置的时段参数对电能进行分时计量，并将其显示出来，同时能通过数据通信接口传输数据。它为实现居民用户电量分时计费提供了手段。

图 5-11 单相电子式电能表

① 黑白表

黑白表实际是单相复费率表的一种特例，即只有白天和黑夜两个时段和费率，主要在居民用户中使用。一般黑夜时段规定为 23：00 到第二天的7：00，白天时段规定为7：00到23：00。黑夜时段的电价远比白天时段的电价低，其主要目的是引导用户在黑夜多用电。

（1）黑白表的分类。黑白表在普通电子式电能表的基础上加上时钟芯片、存储芯片、双计度器（也可用其他显示器）设计制造而成，称之为电子式黑白表。

（2）黑白表的工作原理。电子式黑白表电源部分发出的功率脉冲如果直接推动计度器就是一个普通的电子式电能表，而黑白表将功率脉冲送给CPU，CPU 在对功率脉冲分时的同时访问时钟，判定所处时段。如果是白天，CPU 把功率脉冲送到白天计度器中计度；如果是夜晚，送入黑天计度器，从而实现黑夜、白天分时计度的目的。

由于复费率电能表能把用电高峰、低谷和平段各时段用户所用的电量分别记录下来，供电部门便可根据不同时段的电价收取电费，这可以充分利用经济手段削高峰、填低谷，使供电设备充分挖掘潜力，对保证电网安全、经济运行和供电质量都有好处。

单相复费率计量仪表功能：

（1）计量——计量单相有功总电能，反向计入总电能并单独累计。

（2）测量——测量单相电压、电流。

（3）分时——百年日历、时间，闰年自动切换，最大可设置 3 个费率，8 时段，时段最小间隔 1min。

（4）结算——存储 3 个月的历史结算数据，电能结算日默认设置为月末 24 时（月末结算）。

（5）显示——7 位宽温型 LCD 显示；有功电能脉冲、当前费率 LED 指示。

（6）输出——有功电能脉冲输出，无源光电隔离型输出端口。

（7）通信——支持 RS485 通信接口，通信规约可选（MODBUS-RTU 或 DL/T645 规约）。

---

② 单相电子式电能表主要技术参数

单相电子式电能表主要技术参数见表 5-8。

表 5－8	单相电子式电能表主要技术参数
测量精度	有功 1 级
符合标准	GB/T 17215—2002、GB/T 15284—2002
启动电流	$0.004I_b$（直接接入），$0.002I_b$（经 CT 接入）
功耗	＜1W，5VA
脉冲	光耦隔离，集电极开路输出，脉冲宽度为 80ms±20ms
通信	RS485 通信，MODBUS 协议或 DL/T645 规约
外形尺寸（mm×mm×mm）	76×89×74
模数	4
最大接线能力	25mm
工作温度	－20～60℃
存储温度	－30～70℃
相对湿度	≤95％（无凝露）

5.4.4 电子式电能表的应用接线

1 DDS1868 型电子式单相电能表直接接入的接线

DDS1868 型电子式单相电能表的接线如图 5－12 所示。

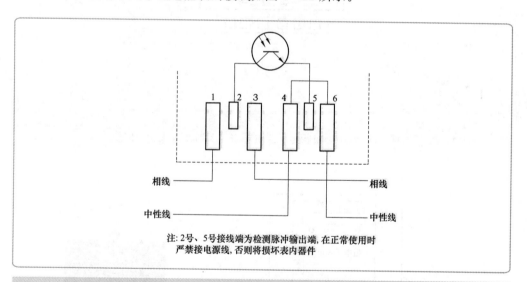

注：2 号、5 号接线端为检测脉冲输出端，在正常使用时
严禁接电源线，否则将损坏表内器件

图 5－12　DDS1868 型电子式单相电能表的接线

2 DD862 型单相电能表经电流互感器接入的接线

DD862 型单相电能表经电流互感器接入的接线如图 5－13 所示。

3 DDS607 型单相电子式电能表（ABS 小表壳型）的接线

DDS607 型单相电子式电能表（ABS 小表壳型）的接线和外形如图 5－14 所示。

4 DDS607 型单相电子式电能表的接线（单相液晶表）

DDS607 型单相电子式电能表的接线（单相液晶表）和外形如图 5－15（a）、（b）所示。

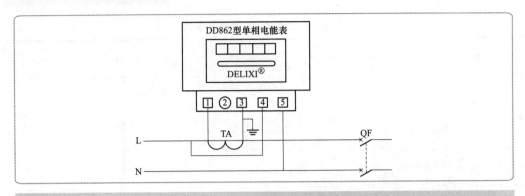

图 5-13　DD862 型单相电能表经电流互感器接入的接线

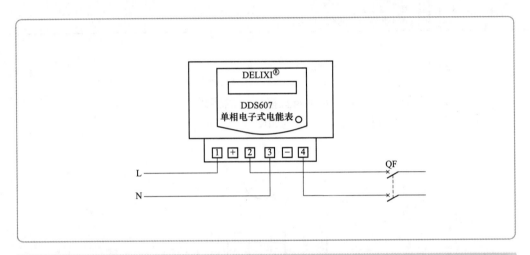

图 5-14　DDS607 型单相电子式电能表（ABS 小表壳型）的接线

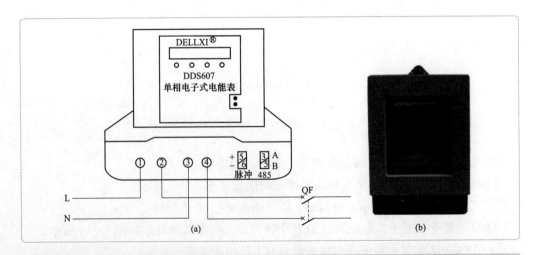

图 5-15　DDS607 型单相电子式电能表（单相液晶表）的接线和外形
（a）接线；（b）外形

❺ DDS607 型单相电子式电能表的接线（单相液晶表不带红外及 485 功能）

DDS607 型单相电子式电能表的接线（单相液晶表不带红外及 485 功能）如图 5 − 16（a）、（b）所示。

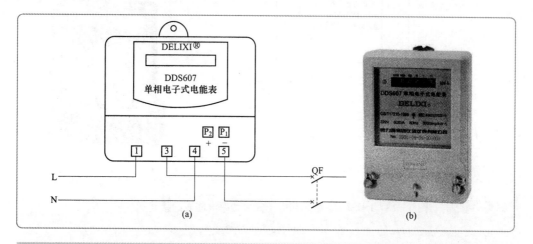

图 5 − 16 DDS607 型单相电子式电能表（单相液晶表不带红外及 485 功能）的接线和外形
（a）接线；（b）外形

❻ DDSY607 型单相电子式预付费电能表的接线

DDSY607 型单相电子式预付费电能表的接线和外形如图 5 − 17（a）、（b）所示。

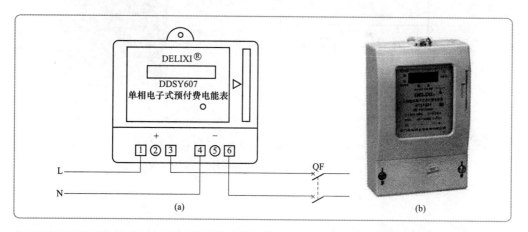

图 5 − 17 DDSY607 型单相电子式预付费电能表的接线和外形
（a）接线；（b）外形

❼ DDSF607 型单相电子式多费率电能表的接线

DDSF607 型单相电子式多费率电能表的接线和外形如图 5 − 18（a）、（b）所示。

❽ DDS607 型单相电子式电能表的接线（防窃电）

DDS607 型单相电子式电能表的接线（防窃电）和外形如图 5 − 19（a）、（b）所示。

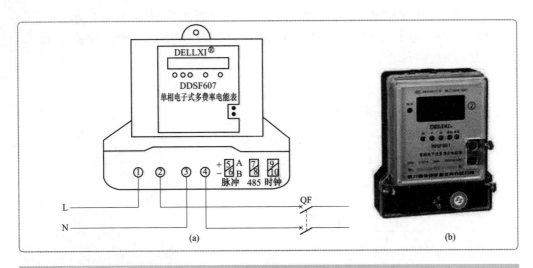

图 5-18 DDSF607 型单相电子式多费率电能表的接线和外形

(a) 接线；(b) 外形

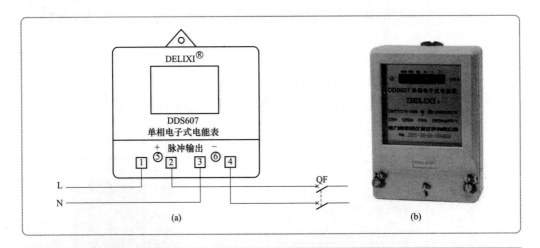

图 5-19 DDS607 型单相电子式电能表的接线和外形

(a) 接线（防窃电）；(b) 外形

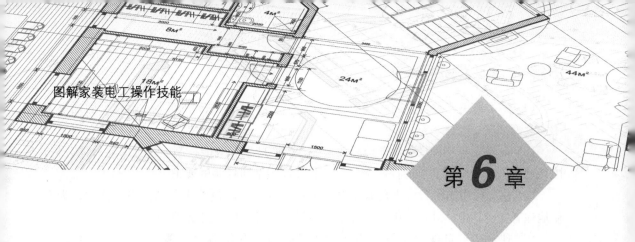

第**6**章

住宅配电线路与电器安装

本章要点

掌握住宅电气设计规范，虽然不同住宅的装修设计各有不同（因为家用电器的配置也不尽相同），但是在进行电气的设计时必须遵循基本的设计原则规范；熟练掌握户内家庭配电箱、电源插座、照明开关和各种灯具的安装和测试。

 ### 6.1 住宅电气设计规范

6.1.1 最新住宅电气设计规范

根据 GB 50096—2010《住宅设计规范》的主要条文内容。

（1）每套住宅的用电负荷因套内建筑面积、建设标准、采暖（或过渡季采暖）和空调器的方式、电炊、洗浴热水等因素而有很大的差别。

该规范仅提出必须达到的下限值。每套住宅用电负荷中应包括照明、插座、小型电器等，并为今后发展留有余地。考虑家用电器的特点，用电设备的功率因数为 0.9。

（2）住宅供电系统设计的安全要求。在 TN 系统（保护接零系统）中，壁挂式空调器的插座回路可不设剩余电流保护装置，但在 TT 系统（保护接地系统）中所有插座回路均应设剩余电流保护装置。

为了避免接地故障引起的电气火灾，住宅建筑要采取可靠的措施。由于防火剩余电流动作值不宜大于 500mA，为减少误报和误动作次数，设计中要根据线路容量、线路长短、敷设方式、空气湿度等因素，确定在电源进线处或配电干线的分支处设置剩余电流动作报警装置。

（3）为保证安全和便于管理，对每套住宅的电源总断路器提出了相应要求。

（4）为了避免儿童玩弄插座发生触电危险，要求安装高度在 1.8m 及以下的插座采用安全型插座。

（5）强调住宅公共照明要选择高效节能的照明装置和节能控制。设计中要具体分析，因地制宜，采用合理的节能控制措施，并且要满足消防控制的要求。

（6）电源插座的设置应满足家用电器的使用要求，尽量减少移动插座的使用。为方便居住者安全用电，规定了电源插座的设置数量和部位的最低标准。

（7）住宅的信息网络系统可以单独设置，也可利用有线电视系统或电话系统来实现。

（8）根据《安全防范工程技术规范》，对于建筑面积在 $50000m^2$ 以上的住宅小区，要根据建筑面积、建设投资、系统规模、系统功能和安全管理要求等因素，设置基本型、提高型、先进型的安全防范系统。

（9）门禁系统必须满足紧急逃生时人员疏散的要求。当发生火警或需紧急疏散时，住宅楼疏散门的防盗门锁必须能集中解除或现场沿疏散方向手动解除，集中打开，使人员能迅速安全通过并安全疏散。

6.1.2 住宅配电线路设计基本原则

（1）照明灯、普通插座、大容量电器设备插座的回路必须分开。如果插座回路的电器设备出现故障，仅此回路电源中断，不会影响照明回路的工作，便于对故障回路进行检修。

对空调器、电热水器、微波炉等大容量电器设备，宜一台电器设置一个回路。大容量用电回路的导线截面积应适当增加，这样可以大大降低电能在导线上的损耗。

（2）照明应分成几个回路。家中的照明可按不同的房间搭配分成几个回路，一旦某一回路的照明出现故障，就不会影响到其他回路的照明。

（3）用电总容量要与设计负荷相符。在电气设计和施工前，应当向物业管理部门了解住宅建筑时的用电负荷总容量，不得超过该户的设计负荷。

采用安全保护措施：

（1）插座及浴室灯具回路必须采取接地保护措施。浴室灯具的金属外壳必须接地。

（2）浴室应采用等电位连接。

（3）即使有了良好的接地装置，仍应配置漏电开关。挂壁式空调器因人手难以碰到，可不带漏电保护。

6.1.3 家居电气配置的一般要求

（1）每套住宅进户处必须设置嵌墙式住户配电箱。住户配电箱设置电源总开关，该开关能同时切断相线和中性线，且有断开标志。每套住宅应设电能表，电能表箱应分层集中嵌墙暗装在公共部位。

住户配电箱内的电源总开关应采用两极开关，总开关容量选择不能太大，也不能太小；要避免出现与分开关同时跳闸的现象。

（2）家居电器开关、插座的配置应能够满足需要，并对未来家庭电器设备的增加预留有足够的插座。家居各个房间可能用到的开关、插座数量见表 6-1。

表 6-1　　　　　　　　　　**家居各个房间可能用到的开关、插座数量**

房间	开关或插座名称	数量	设置说明
主卧室	双控开关	2	主卧室顶灯，卧室采用双控开关非常必要，尽量使每个卧室都采用双控开关
	五孔插座	4	两个床头柜处各 1 各（用于台灯或落地灯）、电视电源插座 1 个、备用插座 1 个
	三孔 16A 插座	1	空调器插座没必要带开关，现在设计的室内大功率电器都由空气开关控制，不用时将空调器的一组单独关掉即可
	有线电视插座	1	—
	电话及网线插座	各 1	
次卧室	双控开关	2	控制次卧室顶灯
	五孔插座	3	两个床头柜处各 1 个、备用插座 1 个
	三孔 16A 插座	1	用于空调器供电
	有线电视插座	1	—
	电话及网线插座	各 1	
书房	单联开关	1	控制书房顶灯
	五孔插座	3	台灯、计算机、备用插座
	电话及网线插座	各 1	—
	三孔 16A 插座	1	用于空调器供电
客厅	双控开关	2	用于控制客厅顶灯（有的客厅距入户门较远，所以做成双控的会很方便）
	单联开关	1	用于控制玄关灯
	五孔插座	7	电视机、饮水机、DVD、鱼缸、备用等插座
	三孔 16A 插座	1	用于空调器供电
	有线电视插座	1	
	电话及网线插座	各 1	—
厨房	单联开关	2	用于控制厨房顶灯、餐厅顶灯
	五孔插座	3	电饭锅及备用插座
	三孔插座	3	抽油烟机、豆浆机及备用插座
	一开三孔 10A 插座	2	用于控制小厨宝、微波炉
	一开三孔 16A 插座	2	用于电磁炉、烤箱供电
	一开五孔插座	1	备用

房间	开关或插座名称	数量	设置说明
餐厅	单联开关	3	用于灯带、吊灯、壁灯
	三孔插座	1	用于电磁炉
	五孔插座	2	备用
阳台	单联开关	2	用于控制阳台顶灯、灯笼照明
	五孔插座	1	备用
主卫生间	单联开关	1	用于控制卫生间顶灯
	一开五孔插座	2	用于洗衣机、吹风机供电
	一开三孔 16A 插座	1	用于电热水器供电（若使用天然气热水器可不考虑安装一开三孔 16A 插座）
	防水盒	2	用于洗衣机和热水器插座
	电话插座	1	—
	浴霸专用开关	1	用于控制浴霸
次卫生间	单联开关	1	用于控制卫生间顶灯
	一开五孔插座	1	用于电吹风供电
	防水盒	1	用于电吹风插座
	电话插座	1	—
走廊	双控开关	2	用于控制走廊顶灯，如果走廊不长，安装一个普通单联开关即可
楼梯	双控开关	2	用于控制楼梯灯
备注			墙上所有预留的开关插座，如果用得着就装，用不着就装空白面板（空白面板简称白板，用来封闭墙上预留的插线盒或弃用的开关、插座孔），千万别堵上

（3）插座回路必须加漏电保护。电器插座所接的负荷基本上都是人手可触及的移动电器（如吸尘器、打蜡机、落地扇或台式风扇）或固定电器（如电冰箱、微波炉、电加热淋浴器和洗衣机等）。当这些电器设备的导线受损（尤其是移动电器的导线）或人手可触及电器设备的带电外壳时，就有电击危险。

（4）阳台应设人工照明。阳台装置照明可改善环境，方便使用，尤其是封闭式阳台设置照明十分必要。阳台照明线宜穿管暗敷。若建房时未预埋，则应用护套线明敷。

（5）住宅应设有线电视系统，其设备和线路应满足有线电视网的要求。

（6）每户电话进线不应少于两对，其中一对应通到计算机桌旁，以满足上网需要。

（7）电源、电话、电视线路应采用阻燃型塑料管暗敷。电话和电视等弱电线路也可采用钢管保护，电源线采用阻燃型塑料管保护。

（8）电气线路应采用符合安全和防火要求的敷设方式配线，导线应采用铜导线。

（9）由电能表箱引至住户配电箱的铜导线截面积不应小于 10mm^2，住户配电箱的照明分支回路的铜导线截面积不应小于 2.5mm²，空调器回路的铜导线截面积不应小于 4mm²。

（10）防雷接地和电气系统的保护接地是分开设置的。

6.1.4 住宅电气配置设计方案

住宅电气配置设计提示：

住宅电路的设计一定要详细考虑可能性、可行性、实用性之后再确定，同时还应该注意其灵活性。下面介绍一些基本设计思路。

（1）卧室顶灯可以考虑三控开关（两个床边和进门处），遵循两个人互不干扰休息的原则设置。

（2）客厅顶灯根据生活需要可以考虑装双控开关（进门厅和主卧室门处）。

（3）环绕的音响线应该在电路改造时就埋好。

（4）注意强弱电线不能在同一管道内，否则会有干扰。

（5）客厅、厨房、卫生间如果铺磁砖，一些位置可以适当考虑不用开槽布线。

（6）插座离地面一般为 30cm，不应低于 20cm，开关一般距地面 140cm。

（7）排风扇开关、电话插座应装在马桶附近，而不是卫生间门的墙上。

（8）浴霸应考虑装在靠近淋浴房或浴缸的正上方位置。

（9）阳台、走廊、衣帽间可以考虑预留插座。

（10）带有镜子和衣帽钩的空间，要考虑镜面附近的照明。

（11）客厅、主卧、卫生间应根据个人生活习惯和方便性考虑预设电话线。

（12）插座的安装位置很重要，常有插座正好位于床头柜后边，造成柜子不能靠墙的情况发生。

（13）电视机、计算机背景墙的插座可适当多一些，但也没必要设置太多插座，最好是使用时连接一个插线板放在电视机、计算机的侧面。

（14）电路改造有必要根据家电使用情况，考虑进行线路增容。

（15）安装漏电保护器和空气开关的分线盒应放在室内，以防止他人断电搞破坏。

（16）装灯带不实用、不常用，华而不实。在设计安装灯带时应与业主沟通并说明。

---

①　家庭配电箱的设计思路

由于各家各户用电量及布线上的差异，配电箱只能根据实际需要而定。一般照明、插座、容量较大的空调器或其他电器各为一个回路，而一般容量的壁挂式空调器可设计两个或一个回路。当然，也有厨房、空调器（无论容量大小）各占一个回路的，并且在一些回路中应安装漏电保护。家用配电箱一般有 6、7、10 个回路（若箱体大，还可增设更多的回路），在此范围内安排的开关，究竟选用何种箱体，应考虑住宅、用电器功率大小、布线等，并且还必须控制总容量在电能表的最大容量之内（目前，家用电能表的容量一般为 10～40A）。

② 家庭总开关容量的设计计算

家庭的总开关容量应根据具体用电器的总功率来选择，而总功率是各分路功率之和的 0.8，即总功率为

$$P_总=(P_1+P_2+P_3+\cdots+P_n)\times0.8$$

总开关承受的电流应为

$$I_总=4.5P_总$$

式中　　　　　　　$P_总$——总功率（容量），kW；

P_1，P_2，P_3，…，P_n——各分路功率，kW

$I_总$——总电流，A。

③ 分路开关的设计

分路开关的承受电流为

$$I_分=0.8P_n\times4.5(A)$$

空调器回路要考虑到启动电流，其开关容量为

$$I_{空调器}=(0.8P_n\times4.5)\times3(A)$$

分回路要按家庭区域划分。一般来说，分路的容量选择在 1.5kW 以下，单个用电器的功率在 1kW 以上的建议单列一分回路（如空调器、电热水器、取暖器等大功率家用电器）。

④ 导线截面积的设计计算

一般铜导线的安全载流量为 5～8A/mm²，如截面积为 2.5mm² BVV 铜导线安全载流量的推荐值为 2.5mm²×8A/mm²=20A，截面积为 4mm² BVV 铜导线安全载流量的推荐值为 4mm²×8A/mm²=32A。

考虑到导线在长期使用过程中要经受各种不确定因素的影响，一般按照以下经验公式估算导线截面积，即

$$导线截面积(mm^2)\approx I/4(A)$$

实用举例：某家用单相电能表的额定电流最大值为 40A，则选择导线为

$$I/4\approx40/4=10$$

即选择截面积为 10 mm² 的铜导线。

按照国家标准的有关规定，家装电路应使用铜芯线，而且应尽量使用较大截面积的铜芯线。如果导线截面积过小，其后果是导线发热加剧，外层绝缘老化加速，易导致短路和接地故障。

施工经验指导：在电能表前的铜导线截面积应选择 10mm² 以上，家庭内的一般照明及插座的铜导线截面积选择 2.5mm²，而空调器等大功率家用电器的铜导线截面积至少应选择 4mm²。

⑤ 插座回路的设计

（1）住宅内空调器电源插座、普通电源插座、电热水器电源插座、厨房电源插座和卫生间电源插座与照明应分开设置回路。

（2）电源插座回路应具有过载、短路保护和过电压、欠电压保护或采用带多种功能

的低压断路器和漏电综合保护器，宜同时断开相线和中性线，不应采用熔断器作为保护元件。

（3）每个空调器电源插座回路中电源插座数量不应超过 2 个。柜式空调器应采用单独回路供电。

（4）卫生间应做局部辅助等电位连接。

（5）厨房与卫生间靠近时，在其附近可设分配电箱，给厨房和卫生间的电源插座回路供电。这样可以减少住户配电箱的出线回路，减少回路交叉，提高供电可靠性。

（6）从配电箱引出的电源插座分支回路导线应采用截面积不小于 $2.5mm^2$ 的铜芯塑料线。

❻ 家居配电电路设计标准

以上海住宅为例，家居配电电路设计要依照《住宅设计标准》（DG J08‑20‑2007）规定每户的电气设备标准进行。

（1）每套住宅进户处必须设嵌墙式住户配电箱。住户配电箱设置电源总开关，该开关能同时切断相线和中性线，且有断开标志。每套住宅应设电能表，电能表箱应分层集中嵌墙暗装设在公共部位。

住户配电箱内的电源总开关应采用两极开关，总开关容量选择不能太大，也不能太小；要避免出现与分开关同时跳闸的现象。电能表箱通常分层集中安装在公共通道上，这是为了便于抄表和管理，嵌墙安装是为了不占据公共通道，目前上海正在个别居民小区内试行自动抄表法。

（2）小套住宅（使用面积不得低于 $38m^2$）用电负荷设计功率为 4kW；中套住宅（使用面积不得低于 $49m^2$）用电负荷设计功率为 4.6kW；大套住宅（使用面积不得低于 $59m^2$）用电负荷设计功率为 6～8kW。

随着居民生活水平的提高，家用电器大量的涌入了普通家庭，使每户的用电负荷迅速增长，再按照以前每户用电负荷计算是远远不够的；于是《住宅设计标准》（DG J08‑20‑2007）规定每户的用电负荷计算功率为 4kW，电能表选用 5(20)A。居民收入的增加和家用电器的降价，使一户使用两台空调器、两台电视机、两台计算机的数量大量增加，促使了每户用电负荷的再次猛增，因此，《住宅设计标准》（DG J08‑20‑2007）规定每户的用电负荷设计功率由 4kW 增加到 4～8kW。即高标准中套住宅按 6kW 设计，高标准商品房和 $130m^2$ 以上的住宅按 8kW 设计，电能表全部采用 10(40)A 单相电能表。

（3）电源插座要选用防护型，其配置不应少于以下规定：

1）单人卧室设单相两极插座和单相三极组合插座两只，单相三极空调插座一只。

2）起居室、双人卧室和主卧室设单相两极插座和单相三极组合插座三只，单相三极空调插座一只。

3）厨房设单相两极插座和单相三极组合插座及单相三极带开关插座各一只，并在排油烟器高度附近处设单相三极插座一只。

4）卫生间设单相两极插座和单相三极组合插座一只，有洗衣机的卫生间，应增加单相三极带开关插座一只，插座应采用防溅式。

上述插座的规定是最小值，如果要用临时线加接插排做使用补充时，一块插排上接用 3～4 个用电电器是常见现象；如果这些电器都是小容量的电气设备（如家用计算机要有 4～5 个插排插座），这是允许的。但不允许插排插座上接入电水壶、电暖气的大容量的电气设备。

（4）插座回路必须加漏电保护。电气插座所连接的负荷基本上都是人手可以触及的移动电器（如吸尘器、落地电风扇、打蜡机）或固定电器（如电冰箱、微波炉、除湿机和洗衣机等）。当这些电气设备的外接导线受损时或当人手触及到电气设备带电的外壳时，就会有触电的危险；因此，《住宅设计标准》（DG J08 - 20 - 2007）规定：除了壁挂式空调器的电源插座外，其他电源插座都要设置漏电保护装置。

（5）阳台照明。阳台照明线的敷设要穿管暗敷；在建造住宅时没有预埋的，要采用护套线明敷。

（6）建筑住宅的公共部分必须设置人工照明，除了高层建筑住宅的电梯厅设应急照明外，其余的均应采用节能开关。公共照明的电源要接在公共电能表上。

根据消防规定：高层住宅的电梯厅照明和应急照明是不允许关闭的，因此不能采用节能开关。

（7）住宅应该设有有线电视系统，其设备和线路应满足有线电视网的技术要求，小套型住宅应设有线电视系统双孔 2 盒一只；中套型住宅、大套型住宅应设不少于两只有线电视系统双孔终端盒，在终端盒旁边应设电源插座。

（8）住宅电话的通信管线必须进户，每户的电话进线不应少于两对；小套型住宅电话插座不应少于两只；中套型、大套型住宅电话插座不应少于三只。

（9）电源、电话、电视线路应采用阻燃型塑料管暗敷，也可采用钢管。电源线采用阻燃型塑料管暗敷。

（10）电气线路必须采用符合安全和防火规范的敷设方式配线，导线要采用铜心线。在家庭装潢中的线路要采用穿管暗敷，这样既符合安全规范又能达到防火要求。

（11）有电能表箱印至住宅用户配电箱的铜导线的截面不应小于 $10mm^2$，用户配电箱的配电分支回路的铜导线截面不小于 $2.5mm^2$。

住宅电气设计要适应 21 世纪的用电发展，电气线路的容量必须留有裕量，一般住宅的设计寿命为 50 年，因此，电气设计至少要考虑到未来 20～30 年的负荷增长需求。住宅楼的电气线路设计绝大多数采用暗管敷设，如果考虑到造价，电源线不增加裕量，那么暗管的直径至少要加大 1～2 挡的管径。对于室内的分支线路，可采用嵌墙安装线槽，这种线槽在室内护墙板的配合下，既可作为保护墙面的装饰，又可以在线槽内任意增加分支线路及在线槽上任意设置终端电器（如插座）。

（12）接地。上海住宅供电系统规定采用 IT 系统，供电公司以三相四线进户，每栋建筑物单独设置专用接地线（PE 线）。在每栋建筑物的进户处设置一组接地极和皿线相连，接地电阻不大于 4Ω。

防雷接地和电气系统的保护接地是分开设置的，防雷接地电阻不大于 10Ω。

如图 6 - 1 所示，为典型住宅照明电气平面图。

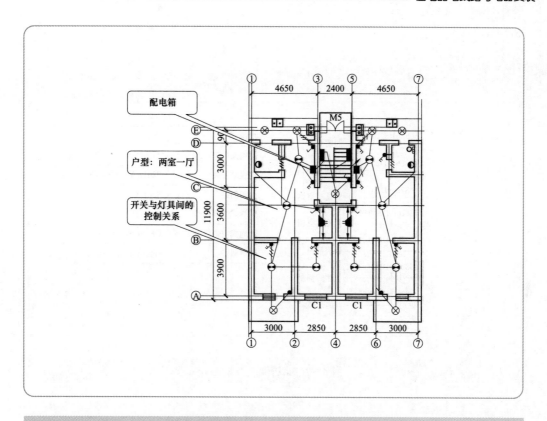

图 6 - 1　照明电气平面图

7　家居配电电路不同设计方案实例

（1）家居配电方案一如图 6 - 2 所示。

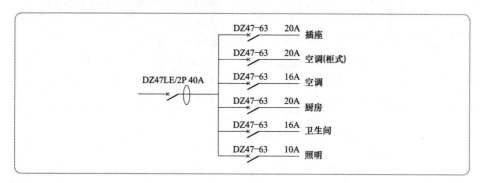

图 6 - 2　家居配电方案一

（2）家居配电方案二如图 6 - 3 所示。

（3）家居配电方案三如图 6 - 4 所示。

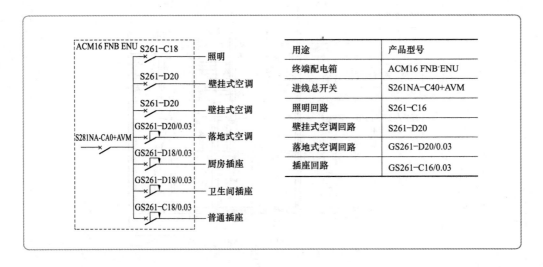

用途	产品型号
终端配电箱	ACM16 FNB ENU
进线总开关	S261NA-C40+AVM
照明回路	S261-C16
壁挂式空调回路	S261-D20
落地式空调回路	GS261-D20/0.03
插座回路	GS261-C16/0.03

图 6-3　家居配电方案二

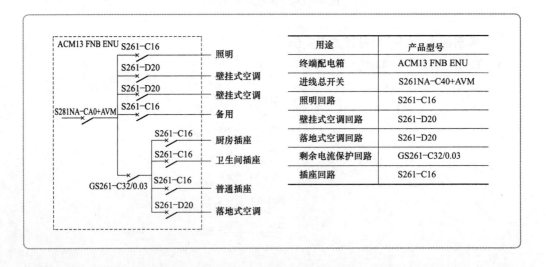

用途	产品型号
终端配电箱	ACM13 FNB ENU
进线总开关	S261NA-C40+AVM
照明回路	S261-C16
壁挂式空调回路	S261-D20
落地式空调回路	S261-D20
剩余电流保护回路	GS261-C32/0.03
插座回路	S261-C16

图 6-4　家居配电方案三

（4）家居配电方案四如图 6-5 所示。

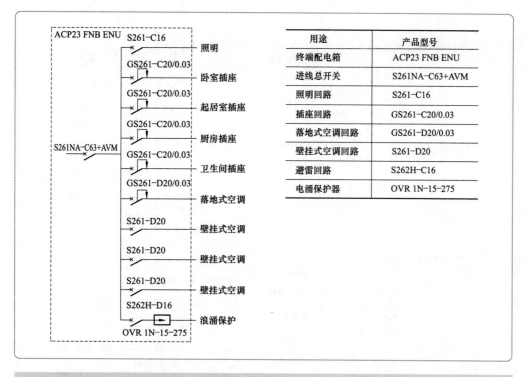

用途	产品型号
终端配电箱	ACP23 FNB ENU
进线总开关	S261NA-C63+AVM
照明回路	S261-C16
插座回路	GS261-C20/0.03
落地式空调回路	GS261-D20/0.03
壁挂式空调回路	S261-D20
避雷回路	S262H-C16
电涌保护器	OVR 1N-15-275

图 6-5　家居配电方案四

（5）家居配电方案五如图 6-6 所示。

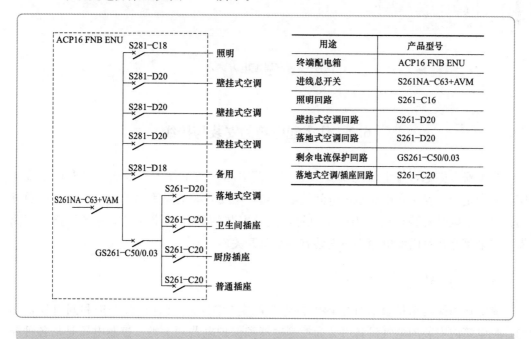

用途	产品型号
终端配电箱	ACP16 FNB ENU
进线总开关	S261NA-C63+AVM
照明回路	S261-C16
壁挂式空调回路	S261-D20
落地式空调回路	S261-D20
剩余电流保护回路	GS261-C50/0.03
落地式空调/插座回路	S261-C20

图 6-6　家居配电方案五

（6）家居配电方案六如图 6 - 7 所示。

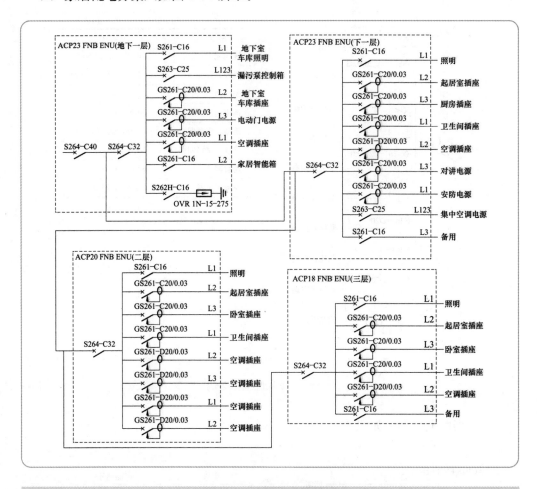

图 6 - 7　家居配电方案六

 6.2　住宅配电箱的安装与接线

为了安全供电，每个住宅都要安装一个配电箱。楼宇住宅家庭通常设有两个配电箱，一个是统一安装在楼层总配电间的配电箱，主要安装的是家庭的电能表和配电总开关；另一个则是安装在居室内的配电箱，主要安装的是分别控制房间各条线路的断路器，许多家庭在室内配电箱中还安装有一个总开关。

6.2.1　家庭户内配电箱的结构

家庭户内配电箱担负着住宅内的供电与配电功能，并具有过载保护和漏电保护功能。配电箱内安装的电气设备可分为控制电器和保护电器两大类：控制电器是指各种配电开关；保护电器是指在电路某一电器发生故障时，能够自动切断供电电路的电器，从而防止出现严重后果。

典型住宅配电箱外形如图 6-8 所示。

家庭户内配电箱的外壳有金属外壳和塑料外壳两种，主要由箱体、盖板、上盖和装饰片等组成。对配电箱的制造材料要求较高，上盖应选用耐热阻燃 PS 塑料，盖板应选用透明 PMMA，内盒一般选用 1.00mm 厚度的冷轧板并表面喷塑。家用配电箱的结构如图 6-9 所示。

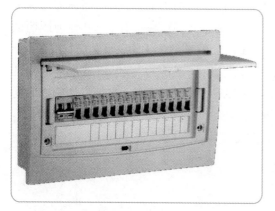

图 6-8　典型住宅配电箱外形

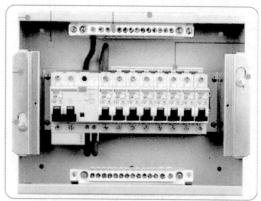

图 6-9　家用配电箱的结构

家庭户内配电箱一般嵌装在墙体内，外面仅可见其面板。住宅配电箱一般由电源总闸单元、漏电保护单元和回路控制单元构成。

图 6-10 所示为建筑面积在 140m² 左右的普通家庭户内配电箱设计实例。

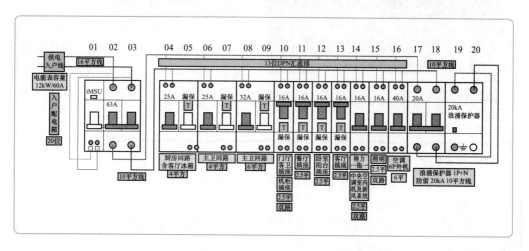

图 6-10　家庭户内配电箱设计实例

家庭户内配电箱 3 个单元的功能：

（1）家庭户内配电箱电源总闸单元。一般位于配电箱的最左边，采用电源总闸（隔离开关）作为控制元件，控制着入户总电源。拉下电源总闸，即可同时切断入户的交流220V电源的相线和零线。

（2）家庭户内配电箱漏电保护器单元。一般设置在电源总闸的右边，采用漏电断路器（漏电保护器）作为控制与保护元件。漏电断路器的开关扳手平时朝上处于"合"位置；或万一有人触电时，漏电断路器会迅速动作切断电源（这时可见开关扳手已朝下处于"分"位置）。

（3）家庭户内配电箱回路控制单元。一般设置在配电箱的右边，采用断路器作为控制元件，将电源分若干路向户内供电。对于小户型住宅（如一室一厅），可分为照明回路、插座回路和空调器回路。各个回路单独设置各自的断路器和熔断器。对于中等户型、大户型住宅（如两室一厅一厨一卫、三室一厅一厨一卫等），在小户型住宅回路的基础上可以考虑适当增设一些控制回路，如客厅回路、主卧室回路、次卧室回路、厨房回路、空调器1回路、空调器2回路等，一般可设置8个以上的回路，居室数量越多，设置的回路就越多，其目的是达到用电安全、方便。

6.2.2 家庭户内配电箱的安装与接线

❶ 户内配电箱安装位置的确定

家庭户内配电箱的安装可分为明装、暗装和半露式三种形式。明装通常采用悬挂

图6-11 装修中采用暗装的配电箱

式，可以用金属膨胀螺栓等将箱体固定在墙上；暗装为嵌入式，应随土建施工预埋，也可在土建施工时预留孔然后采用预埋。现代家居装修一般采用暗装配电箱，如图6-11所示。

对于楼宇住宅新房，一般在进门处靠近天花板的适当位置留有户内配电箱的安装位置，许多开发商已经将户内配电箱预埋安装，装修时应尽量用原来的位置。

配电箱安装位置要求：

配电箱多位于门厅、玄关、餐厅和客厅，有时也会被装在走廊。如果需要改变安装位置，则在墙上选定的位置开一个孔洞，孔洞应比配电箱的长和宽各大20mm左右，预留的深度为配电箱厚度加上洞内壁抹灰的厚度。在预埋配电箱时，箱体与墙之间填以混凝土即可把箱体固定住。

总之，户内配电箱应安装在干燥、通风部位，且无妨碍物，方便使用，绝不能将配电箱安装在箱体内，以防火灾发生。同时，配电箱不宜安装过高，一般安装标高为1.8m，以便于操作。

❷ 户内配电箱的安装

（1）箱体必须完好无损。进配电箱的电线管必须用锁紧螺母固定。

（2）配电箱埋入墙体应垂直、水平。

（3）若配电箱需开孔，孔的边缘必须平滑、光洁。

（4）箱体内接线汇流排应分别设立零线、保护接地线、相线，且要完好无损，具备良好绝缘。

（5）配电箱内的接线应规则、整齐，端子螺钉必须紧固。

（6）各回路进线必须有足够长度，不得有接头。

（7）安装完成后必须清理配电箱内的残留物。

（8）配电箱安装后应标明各回路的使用名称。

图 6-12 所示为普通住宅配电箱安装示意图。

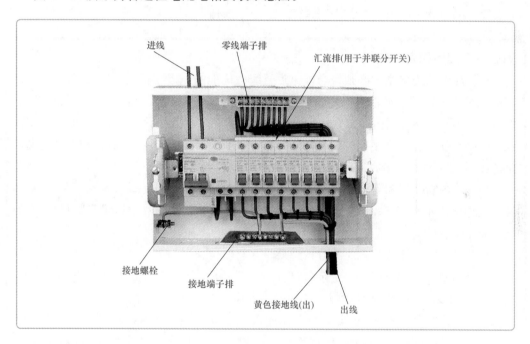

图 6-12　普通住宅配电箱安装示意图

❸ 户内配电箱的接线

（1）把配电箱的箱体在墙体内用水泥固定好，同时把从配电箱引出的管子预埋好，然后把导轨安装在配电箱底板上，将断路器按设计好的顺序卡在导轨上，各条支路的导线在管中穿好后，其末端接在各个断路器的接线端。

（2）如果用的是单极断路器，只把相线接入断路器。在配电箱底板的两边各有一个铜接线端子排：一个与底板绝缘，是零线接线端子，进线的零线和各出线的零线都接在这个接线端子上；另一个与底板相连，是地线接线端子，进线的地线和各出线的地线都接在这个接线端子上。

（3）如果用的是两极断路器，把相线和零线都接入开关。

图 6-13 住宅配电箱接线绑扎实物图

在配电箱底板的边上只有一个铜接线端子排（它是地线接线端子）。

（4）接完线以后，先装上前面板，再装上配电箱门。另外，在前面板上贴上标签，写上每个断路器的功能。

（5）导线接线完毕并进行绑扎。绑扎后的整体实物图如图 6-13 所示。

1）导线要用塑料扎带绑扎，扎带宽度要合适，间距要均匀，一般为 100mm。

2）扎带扎好后，不用的部分要用钳子剪掉。

家庭户内配电箱安装须知：

（1）配电箱规格型号必须符合国家现行统一标准的规定；材质为铁质时，应有一定的机械强度，周边平整无损伤，涂膜无脱落，厚度不小于 1.0mm；进出线孔应为标准的机制孔，大小相适配，通常将进线孔靠箱左边，出线孔安排在中间，管间距在 10～20mm，并根据不同的材质加设锁扣或护圈等；工作零线汇流排与箱体绝缘，汇流排材质为铜质；箱底边距地面不小于 1.5m。

（2）箱内断路器和漏电断路器安装牢固；质量应合格，开关动作灵活可靠，漏电装置动作电流不大于 30mA，动作时间不大于 0.1s；其规格型号和回路数量应符合设计要求。

（3）箱内的导线截面积应符合设计要求，材质合格。

（4）箱内进户线应留有一定余量，一般为箱周长的一半。走线规矩、整齐，无绞接现象，相线、工作中性线、保护地线的颜色应严格区分。

（5）工作零线、保护电线应经汇流排配出，户内配电箱电源总断路器（总开关）的出线截面积不应小于进线截面积，必要时应设相线汇流排。10 mm² 及以下单股铜芯线可直接与设备器具的端子连接，小于或等于 2.5 mm² 多股铜芯线除设备自带插接式端子外，应接续端子后与设备器具的端子连接，但不得采用开口端子。多股铜芯线与插接式端子连接前端部拧紧搪锡；对可同时断开相线、中性线的断路器的进出导线应左边端子孔接零线，右边端子孔接相线连接。箱体应有可靠的接地措施。

（6）导线与端子连接紧密，不伤芯，不断股；插接式端子线芯不应过长，应为插接端子深度的 1/2；同一端子上的导线连接不多于 2 根，且截面积相同；防松垫圈等零件齐全。

（7）配电箱的金属外壳应可靠接地，接地螺栓必须加弹簧垫圈进行防松处理。

（8）配电箱箱内回路编号齐全，标识正确。

（9）若设计与国家有关规范相违背，应及时与设计师沟通，修改后再进行安装。

 6.3　家居电源插座与开关的安装

6.3.1　家居电源插座的选用与安装

① 电源插座的选用

插座负责电器插头与电源的连接。家庭居室使用的插座均为单相插座。按照国家标准规定，单相插座可分为两孔插座和三孔插座，如图 6-14 所示。

单相插座常用的规格为：250V/10A 的普通照明插座，250V/16A 空调器、热水器用的三孔插座。

住宅常用的电源插座面板有 86 型、120 型、118 型和 146 型。目前最常用的是 86 型插座，其面板尺寸为 86mm×86mm，安装孔中心距为 60.3mm。

根据组合方式，插座有单联插座和双联插座。单联插座有单联两孔插座、单联三孔插座；双联插座有双联两孔插座、双联三孔插座。这些插座的商品名分别为单相两孔插座、单相三孔插座、单相四孔插座、单相五孔插座。此外，还有带指示灯插座和带开关插座等，如图 6-15 所示。

图 6-14　常用单相插座

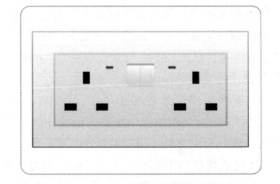

图 6-15　带指示灯插座

插座根据控制形式可分为无开关、总开关、多开关三种类别。一般建议选用多开关的电源插座，一个开关按钮控制一个电源插头，除了安全外也能控制待机耗电以便节约能源，多用于家用电器，如微波炉、洗衣机等。

电源插座的安装要求：

（1）电源插座根据安装形式可以分为墙壁插座、地面插座两种类型。

1）墙壁插座可分为三孔插座、四孔插座、五孔插座等。一般来讲，住宅的每个主要墙面至少各有一个五孔插座，电器设置集中的地方应该至少安装两个五孔插座，如摆放电视机的位置。如要使用空调器或其他大功率电器，一定要使用带开关的16A插座。

2）地面插座可分为开启式、跳起式、螺旋式等类型；还有一类地面插座，不用的时候可以隐藏在地面以下，使用的时候可以翻开，既方便又美观。

（2）儿童房安装的电源插座一定要选用带有保护门的安全插座，因为这种插座孔内有绝缘片，在使用插座时，插头要从插孔斜上方向下撬动挡板再向内插入，可防止儿童触电。

图 6-16　防溅水型插座

（3）由于厨房和卫生间内经常会有水和油烟，一定要选择防水防溅的插座，防止因溅水而发生用电事故。在插座面板上最好安装防溅水盒或塑料挡板，能有效防止因油污、水汽侵入引起的短路，如图 6-16 所示。防溅水型插座是在插座外加装防水盖，安装时要用插座面板把防水盖和防水胶圈压住。不插插头时防水盖把插座面板盖住，插上插头时防水盖盖在插头上方。

❷ 插座的安装位置

电源插座的安装位置必须符合安全用电的规定，同时要考虑将来用电器的安放位置和家具的摆放位置。为了方便插拔插头，室内插座的安装高度为 0.3～1.8m。安装高度为 0.3m 的称为低位插座，安装高度为 1.8m 的称为高位插座。按使用需要，插座可以安装在设计所要求的任何高度。

（1）厨房插座可装在橱柜以上、吊柜以下，为 0.85～1.4m，一般的安装高度为 1.2m 左右。抽油烟机插座应根据橱柜设计，安装在距地面 1.8m 处，最好能被排烟管道所遮蔽。近灶台上方处不得安装插座。

（2）洗衣机插座距地面 1.2～1.5m，最好选择带开关三孔插座。

（3）电冰箱插座距地面 0.3m 或 1.5m（根据电冰箱位置而定），且宜选择单三孔插座。

（4）分体式、壁挂式空调器插座宜根据出线管预留洞位置距地面 1.8m 处设置，窗式空调器插座可在窗口旁距地面 1.4m 处设置，柜式空调器电源插座宜在相应位置距地面 0.3m 处设置。

（5）电热水器插座应在热水器右侧距地面 1.4～1.5m，注意不要将插座设在电热器上方。

（6）厨房、卫生间的插座安装应尽可能远离用水区域，如靠近，应加配插座防溅盒。台盆镜旁可设置电吹风和剃须用电源插座，离地面 1.5～1.6m 为宜。

（7）露台插座距地面应在 1.4m 以上，且尽可能避开阳光、雨水所及范围。

（8）客厅、卧室的插座应根据家具（如沙发、电视柜、床）的尺寸来确定。一般来说，每个墙面的两个插座间距离应不大于 2.5m，在墙角 0.6m 范围内至少安装一个备用插座。

图 6-17 所示为不同用电电器插座安装位置图。

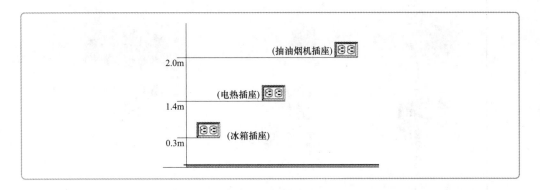

图 6-17　不同用电电器插座安装位置图

③　电源插座的接线

（1）单相两孔插座有横装和竖装两种。横装时，面对插座的右极接相线（L），左极接零线（中性线 N），即"左零右相"；竖装时，面对插座的上极接相线，下极接中性线，即"上相下零"。

（2）单相三孔插座接线时，保护接地线（PE）应接在上方，下方的右极接相线，左极接中性线，即"左零右相中 PE"。单相插座的接线方法如图 6-18 所示。

（3）多个单相插座在导线连接时，不允许拱头连接，应采用 LC 型压接帽压接总头后，再进行分支线连接。

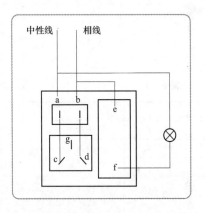

图 6-18　单相插座的接线

④　暗装电源插座

暗装电源插座安装步骤及操作方法见表 6-2。

表 6-2　　　　　　　　　　　暗装电源插座安装步骤及操作方法

安装步骤	操　作　方　法
1	将盒内甩出的导线留足够的维修长度，剥削出线芯，注意不要碰伤线芯
2	将导线按顺时针方向盘绕在插座对应的接线柱上，然后旋紧压头。如果是单芯导线，可将线头直接插入接线孔内，再用螺钉将其压紧，注意线芯不得外露
3	将插座面板推入暗盒内
4	对正盒眼，用螺钉固定牢固。固定时要使面板端正，并与墙面平齐

安装时，注意插座面板应平整、紧贴墙壁的表面，插座面板不得倾斜，相邻插座的间距及高度应保持一致，如图 6-19 所示。

⑤　明装电源插座

明装电源插座安装步骤及操作方法见表 6-3。

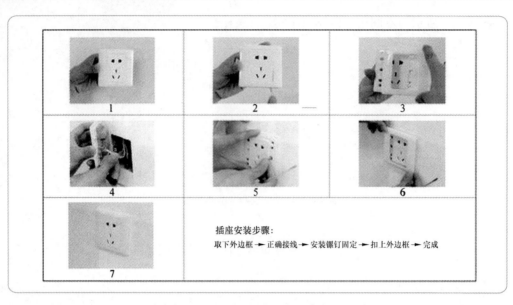

插座安装步骤：

取下外边框 → 正确接线 → 安装镙钉固定 → 扣上外边框 → 完成

图 6 - 19　暗装电源插座安装步骤

表 6 - 3　　　　　　　　　　　明装电源插座安装步骤及操作方法

安装步骤	操　作　方　法
1	将从盒内甩出的导线由塑料（木）台的出线孔中穿出
2	将塑料（木）台紧贴于墙面，用螺钉固定在盒子或木砖上。如果是明配线，木台上的隐线槽应先顺对导线方向，再用螺钉固牢
3	塑料（木）台固定后，将甩出的相线、中性线、保护地线按各自的位置从插座的线孔中穿出，按接线要求将导线压牢
4	将插座贴于塑料（木）台上，对中找正，用木螺钉固定牢固
5	固定插座面板

明装电源插座如图 6 - 20 所示。

图 6 - 20　明装电源插座

电源插座安装须知：

（1）插座必须按照规定接线，对照导线的颜色对号入座，相线要接在规定的接线柱上（标注有"L"字母），220V 电源进入插座的规定是"左零右相"。

（2）单相三孔插座最上端的接地孔一定要与接地线接牢、接实、接对，绝不能不接。零线与保护接地线切不可错接或接为一体。

（3）接线一定要牢靠，相邻接线柱上的电线要保持一定的距离，接头处不能有毛刺，以防短路。

（4）安装单相三孔插座时，必须是接地线孔装在上方，相线零线孔在下方。单相三孔插座不得倒装。

（5）插座的额定电流应大于所接用电器负载的额定电流。

（6）在卫生间等潮湿场所，不宜安装普通型插座，应安装防溅水型插座。

6.3.2 照明开关的选用与安装

❶ 普通照明开关的种类

（1）按面板类型分，有 86 型、120 型、118 型和 146 型和 75 型。目前家庭装修用得最多的有 86 型和 118 型。图 6-21 所示为 86 型单极开关。

（2）按开关连接方式分，有单极开关、两极开关、三极开关、三极加中线开关、有公共进入线的双路开关、有一个断开位置的双路开关、两极双路开关、双路换向开关（或中向开关）。

（3）按开关触头断开情况分，有正常间隙结构开关，其触头分断间隙大于或等于3mm；小间隙结构开关，其触头分断间隙小于 3mm 但需大于 1.2mm。

（4）按启动方式分，有旋转开关、跷板开关、按钮开关、声控开关、触屏开关、倒板开关、拉线开关。单相照明开关的外形如图 6-22 所示。

图 6-21　86 型单极开关

图 6-22　单相照明开关

（5）按有害进水的防护等级分，有普通防护等级 IPX0 或 IPX1 的开关（插座）、防溅型防护等级 IPX4 开关（插座）、防喷型防护等级 IPXe 开关（插座）。

图 6-23 所示为防水开关外形。

（6）按接线端子分，有螺钉外露和螺钉不外露两种，选择螺钉不外露的开关更安全。

（7）按安装方式分，有明装开关和暗装开关。暗装开关结构如图6-24所示。

图6-23　防水开关

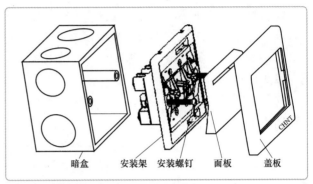

暗盒　　安装架　安装螺钉　面板　　盖板

图6-24　暗装开关结构

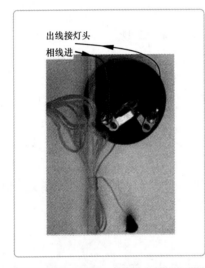

出线接灯头
相线进

图6-25　拉线开关

（8）在现代家庭装修时，拉线开关仅局限于卫生间和厨房中使用，其目的是确保湿手操作开关时的安全性。拉线开关的拉线，在开关内直接与相线接触，因此拉线的抗潮性和绝缘要好，目前普遍采用尼龙绳拉线，如图6-25所示。

2　照明开关的选用

（1）照明开关的种类很多，选择时应从实用、质量、美观、价格、装修风格等几个方面加以综合考虑。选用时，每户的开关、插座应选用同一系列产品，最好是同一厂家的产品。

（2）进门处的开关可使用带提示灯的，为夜间使用提供方便。否则，开关边上的墙面久了就会摸脏。而且摸索着开灯，总是给胆小的人带来很大的心理压力。

（3）开关面板的尺寸应与预埋的开关接线盒的尺寸一致。

（4）安装于卫生间内的照明开关宜与排气扇共用，采用双联防溅带指示灯型，开关装于卫生间门则选带指示灯型，过道及起居室部分开关应选用带指示灯型的两地双控开关。

（5）楼梯间开关采用，GYZ系列产品，该产品的灯头内设有一特殊的开关装置，夜间有人走入其控制区（7m）内时灯亮，经过延时3min后灯自熄。比常规方式省掉了一个开关和灯至开关间电线及其布管，经使用效果不错，作为楼梯间照明值得选用。

（6）跷板开关在家庭装修中用得很普遍。这种类型开关质量的好坏可从开关活动是否轻巧、接触是否可靠、面板是否光洁等来衡量。

（7）目前有一种结构新颖的家庭用防水开关，其触头全部密封在硬塑料罩内，在塑料罩外面利用活动的两块磁铁来吸合罩内的磁铁，以带动触头的分合，操作十分灵活。

（8）开关的款式、颜色应该与室内的整体风格相吻合。

（9）根据所连接电器的数量，开关又分为一开或二开、三开、四开等多种形式。家庭中最常见的开关是一开单控，即一个开关控制一个或多个电器。双控开关也是较常见的，即两个开关同时控制一个或多个电器，根据所连电器的数量分为一开双控、二开双控等多种形式。双控开关用得恰当，可给家庭生活带来很多便利。

（10）延时开关也很受欢迎（不过家装设计很少用到延时开关，一般常用转换开关）。在卫生间里，灯和排气扇合用一个开关有时很不方便（关上灯，排气扇也跟着关上，以至于污气不能排完）。除了装转换开关可以解决问题外，还可以装延时开关，即关上灯后排气扇还会再转几分钟才关闭，很实用。

（11）荧光开关也很方便，在夜间可以根据它发出的荧光很容易地找到开关的位置。

（12）可以设置一些带开关的插座，这样不用拔插头并且可以切断电源，也不至于拔下来的电线吊着影响美观。例如，洗衣机插座不用时可以关上、空调器插座淡季时关上不用拔掉。

❸ 照明开关的安装要求

（1）用万用表 R×100 挡或 R×10 挡检查开关的通断状态。

（2）用绝缘电阻表（即兆欧表）摇测开关的绝缘电阻，要求不小于 2MΩ。摇测方法是一条测试线夹在接线端子上，另一条夹在塑料面板上。由于室内安装的开关、插座数量较多，电工可采用抽查的方式对产品绝缘性能进行检查。

（3）开关切断相线，即开关一定要串接在电源相线上。

（4）同一室内的开关高度误差不能超过 5mm。并排安装的开关高度误差不能超过 2mm。开关面板的垂直允许偏差不能超过 0.5mm。

（5）开关必须安装牢固。面板应平整，暗装开关的面板应紧贴墙壁，且不得倾斜，相邻开关的间距及高度应保持一致。

照明开关的安装位置经验指导：

（1）若无特殊要求，在同一套房内，开关离地面在 1200～1500mm，距门边 150～200mm 处；与插座同排相邻安装应在同一水平线上，并且不被推拉门、家具等物体遮挡。

（2）进门开关位置的选择。一般人都习惯于用与开门方向相反的一只手操作开关，而且用右手多于用左手。所以，一般家里的开关多数装在进门的左侧，这样方便进门后用右手开启，符合行为逻辑。采用这种设计时，与开关相邻的进房门的开启方向是右边。

（3）厨房、卫生间的开关宜安装在门外开门侧的墙上。镜前灯、浴霸宜选用防水开关，并安装在卫生间内。

（4）为生活舒适方便，客厅、卧室应采用双控开关。卧室的一个双控开关安装在进门的墙上，另一个安装在床头柜上侧或床边较易操作部位。比较大的客厅两侧，可各安装一个双控开关。

（5）厨房安装带开关的电源插座，以便及时控制电源通断。

（6）梳妆台应加装一个开关。

（7）阳台开关应设在室内侧，不应安装在阳台内。

（8）餐厅的开关一般应选在门内侧。

（9）客厅的单头吊灯或吸顶灯，可采用单联开关；对于多头吊灯，可在吊灯上安装灯光分控器，根据需要调节亮度。

（10）书房照明灯若为多头灯应增加分控器，开关可安装在书房门内侧。

（11）开关安装的位置应便于操作，不要放在门背后等距离狭小的地方。

图 6-26 所示为典型照明开关位置布置图。

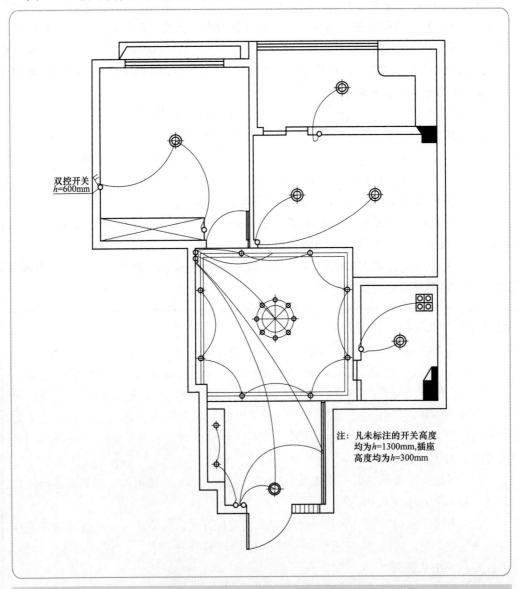

图 6-26　典型照明开关位置布置图

❹ 照明开关的安装

单控照明开关的线路如图 6-27 所示。开关是线路的末端，到开关的是从灯头盒引来的电源相线和经过开关返回灯头盒的回相线。

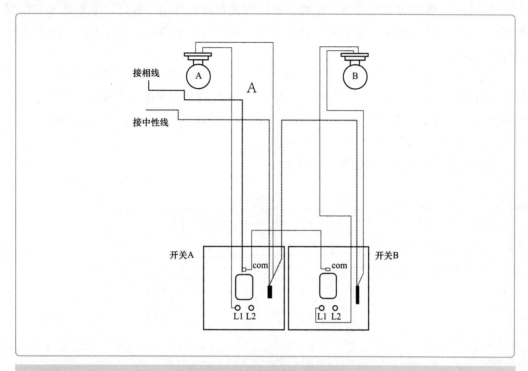

图 6-27 单控照明开关的线路

单控照明开关接线比较简单，每个单控开关上有两个针孔式接线柱，分别任意接相线和回相线即可。

（1）接线操作。

1）开关在安装接线前，应清理接线盒内的污物，检查盒体无变形、破裂、水渍等易引起安装困难及事故的遗留物。

2）先把接线盒中留好的导线理好，留出足够操作的长度，长出盒沿 10～15cm。

经验指导：开关内接线不要留得过短，否则很难接线；也不要留得过长，否则很难将开关装进接线盒。

3）用剥线钳把导线的绝缘层剥去 10mm，把线头插入接线孔，用小螺钉旋具把压线螺钉旋紧，注意线头不得裸露。

（2）面板安装。开关面板分为两种类型，一种是单层面板，面板两边有螺钉孔；另一种是双层面板，把下层面板固定好后，再盖上第二层面板。

单层开关面板安装方法：先将开关面板后面固定好的导线理顺盘好，把开关面板压入接线盒。压入前要先检查开关跷板的操作方向，一般按跷板的下部，跷板上部凸出时，为开关接通灯亮的状态；按跷板上部，跷板下部凸出时，为开关断开灯灭的状态。再把螺钉插入螺孔，对准接线盒上的螺母旋入。在螺钉旋紧前注意检查面板是否平齐，旋紧后面板上边要水平，不能倾斜。

双层开关面板安装方法：双层开关面板的外边框是可以拆掉的，安装前先用小螺钉旋具把外边框撬下来，先把底层面板安装好，再把外边框卡上去。

（3）二控一照明开关的安装。用两个双控开关在两地控制一盏灯，主要是为了控制照明灯。这种方法目前在家庭电路中比较常用，例如卧室吸顶灯、客厅大灯一般都采用双控开关控制。

暗装双控开关有 3 个接线端，如图 6-28 所示，把中间一个接线端编号为 L，两边接线端分别编号为 L1、L2，接线端 L1、L2 之间在任何状态下都是不通的，可用万用表电阻挡进行检查。双控开关的动片可以绕 L 转动，使 L 与 L1 接通，也可以使 L 与 L2 接通。注意，两个双控开关位置的编号相同。

双开双控开关接线图如图 6-29 所示。

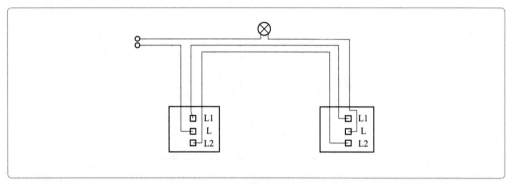

图 6-28　暗装双控开关接线图

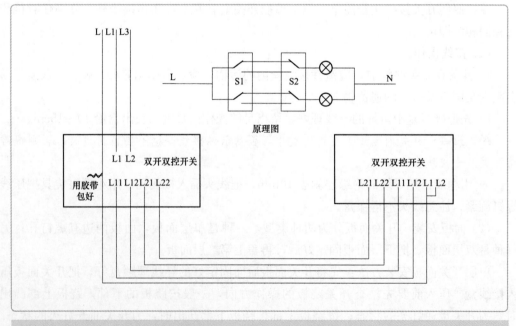

图 6-29　双开双控开关接线图

如果是多控开关（如三控开关），则到开关的是相线和返回灯具的多根回相线。先用短导线把各个开关同侧的接线端连接在一起接相线，各个开关另一侧的接线端接各根回相线。

（4）多联开关的安装。多联开关就是一个开关上有好几个按键，可控制多处灯的开关，如图 6-30 所示。在连接多联开关时，一定要有逻辑标准，或者是按照灯的方位顺序，一个一个地渐远，以便开启时，便于记忆。否则经常会为了找到想要开的灯，而把所有的开关都打开一遍。

图 6-30 多联开关

⑤ 遥控照明开关安装

目前的家用电器，如电视机、VCD、DVD 和功放机等一般都配备了遥控器及智能化控制技术，给人们的使用带来了极大的方便。随之而来的小家电如电灯的控制也在向自动化、智能化操作方面发展，这样才能满足人们的生活需求。红外遥控开关充分利用了现在家用电器繁多的遥控器，实现了遥控器的功能复用。红外遥控开关可以替换原墙壁开关，不用再增加连线，为安装和使用提供了方便。把原机械式墙壁开关换成遥控照明开关不仅实用，也很安全经济。

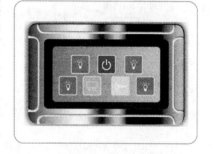

图 6-31 智能遥控无线照明开关

智能遥控无线照明开关，如图 6-31 所示。

克林遥控照明开关（以下简称克林开关）就是一种比较成熟的红外线接收开关。安装时把克林开关塑料外壳上的"KL"面露在外面。使用时让家电遥控器发射器对准克林开关上的"KL"面，即可控制灯的亮灭。由于红外线可以透过玻璃，所以庭院灯、草坪灯也可以使用克林开关，将克林开关安装在灯的旁边，让克林开关的"KL"面对着室内，使用时可以隔着玻璃在室内用电视遥控器对准克林开关遥控户外灯。

克林开关的主要技术指标见表 6-4。

表 6-4　　　　　　　　　　克林开关的主要技术指标

技术指标	参数或说明	技术指标	参数或说明
电压	AC200~240V，AC90~150V	开关次数	大于 10 万次
负载额定电流	10A	遥控直线距离	10m
1ms 瞬间过载电流	80A	防水性能	可在水深 10m 内使用
电磁辐射	0	防爆性能	可在常压下易燃气体中使用
适用温度	−40~+60℃	机身温度	小于 40℃
接收扇角	小于 30°	停电再来电	保持关态
有功损耗	小于 0.9w	节省无功功率	大于 7w
体积	41.5mm×24mm×13.5mm	质量	13.5g

（1）遥控开关与手动开关串联的安装。对于已经装修好的房子，采用克林开关与传统开关串联的安装方法是最常用的方法，安装最省事，不改动原开关及电路，既可用家电遥控器制灯具，又可用原有的墙壁开关控制灯具，如图6-32所示。无论遥控处于开或关的状态，墙壁开关都能优先开关灯。解决了晚上找不到遥控器无法开灯的问题。

（2）克林开关与双控手动开关联用的安装。

对于新装修用户，可选用KL-4型克林开关。它是一种将双控手动墙壁开关与克林开关融为一体的双向开关，将它安装在原墙壁开关的地方，手动、遥控可同时用，互不影响。采用这种安装方案，手动开关断电后，遥控仍起作用，是一种全兼容的"双向开关"，使用最方便，如图6-33所示。

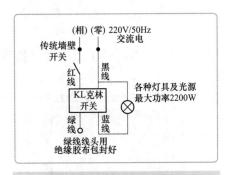

图6-32 遥控开关与手动开关串联安装

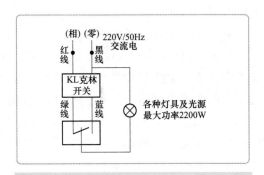

图6-33 遥控开关与双控手动开关联用的安装

（3）遥控开关单独安装。这种安装方法免去了传统开关到灯具之间的电线，如图6-34所示。使用时，用电视遥控器指向光源，及时选择应该关断的灯具，达到既方便又节能的目的。

（4）分段式遥控开关安装。分段式遥控开关适宜对多头吊灯进行控制，如客厅的九头吊灯，用家电遥控器可选择9个灯亮、6个灯亮、3个灯亮、灯全灭。不断按电视遥控器上的键，可循环选择。亮灯顺序：（每按一次遥控键）全亮（9个灯亮）→灰线灯亮（6个灯亮）→棕线灯亮（3个灯亮）→全灭→循环。

安装时，首先把灯泡分成两组（棕线组、灰线组），然后与分段式遥控开关的输出线相连，如图6-35所示。

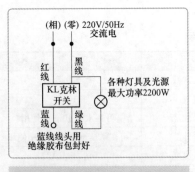

图6-34 遥控开关单独安装

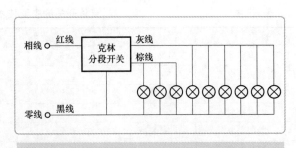

图6-35 分段式遥控开关安装

使用克林开关时，只要将家电遥控器（如电视机、DVD、空调器等遥控器）对准克林开关，按下遥控器上的任意键，即可开关灯具。

(1) 如果正在看电视，想开灯，尽量不要使用电视遥控器，而使用 DVD、空调器等遥控器；如果只有电视遥控器，可用电视遥控器上的声音键。原则是尽量不要使用正在运行电器的遥控器，尽量选用遥控器上对当前电器状态不影响或影响不大的键。

(2) 如果电视机处于关闭状态，想开电灯，不要使用电视遥控器的开关键。

(3) 两个灯都装有克林开关，灯之间的距离又比较近，想开左边的灯就把遥控器指向偏左边多一点；想开右边的灯，就把遥控器指向偏右边多一点。

(4) 如果遥控电视机时怕影响头顶上的灯，则不要将电视遥控器对准电视机，要对准电视机下边地板某个位置，总能找到一个指向，既能遥控电视机又不影响灯。

⑥ DHE‐86 型遥控开关

(1) DHE‐86 型遥控开关的功能。DHE‐86 型墙装遥控开关采用单线制，不需接零线，适用于各种灯具，可直接替换墙壁机械开关。当电网停电后又来电时，开关会自动转为关断状态，节能安全、方便实用；采用无线数字编码技术，开关相互间互不干扰；无方向性，可穿越墙壁，拥有传统手动控制和遥控两种操作方式。

图 6‐36 所示为 DHE‐86 型墙装遥控开关。

单线制 DHE‐86 型墙装遥控开关主要功能：

1) 开关功能。既可遥控，又可手动控制。采用无线数字编码技术，开关相互间互不干扰，遥控距离为 10～50m。

2) 全关功能。出门或临睡之前，无需逐一检查，按一个键就可关闭家中所有的灯具，省时又省电。

3) 全开功能。当需要将局部或全部的灯具开启时，按一个键就可同时亮起。

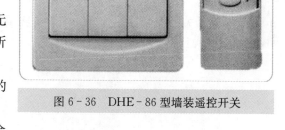

图 6‐36　DHE‐86 型墙装遥控开关

4) 情景功能。该开关具有任意组合的功能，可以将家里的灯具随意组合开启或关闭，设置成不同的灯光氛围，如"1"为会客时明亮，"2"为就餐时温馨，"3"为看电视时柔和，均可一键而定。

5) 远程控制功能。此功能需遥控开关与无线智能控制器配套使用，形成智能家居系统，实现固定电话或手机和互联网远程控制家中灯光、家电的开关功能；身在外地时，主人可通过互联网或固定电话、手机实现远程控制家用电器的开启与关闭。

(2) DHE‐86 型遥控开关的功能设置。

1) 打开无线遥控开关的面壳，可以看到有两排按钮，上面一个挨着指示灯小点的按钮就是设置按钮，下面一排三个按钮是开关按钮，按一下开关按钮灯亮，再按一下灯灭。

操作提示：所指的"下面一排三个开关按钮"，对于单路的无线遥控开关，只有中间一个按钮，左右两边没按钮；对于两路的无线遥控开关，只有左边和右边两个按钮，中间没有按钮;对于三路的无线遥控开关,装有三个按钮,自左向右数,对应一、二、三路。

2)设置时,按一下开关按钮,此时所对应的灯亮,其他各路灯处于关闭状态。再按一下设置按钮,指示灯会亮一下,表示已经进入学习码状态,此时按遥控器上任一按键,指示灯会再亮一下。

操作提示:为保证学习到完整的地址码,应一直按着遥控器的按钮,直到开关设置灯亮后又熄灭再松开,表示已经学习成功,同时自动退出设置状态,设置完成。此时按遥控器对应的按键,灯开,再按一次灯关。其他各路设置与上述操作相同。

3)单路设置:想设置哪一路,就把哪一路的灯打开,按一下设置按钮,再按一下遥控器任意键,设置成功。

4)全开功能设置:把所有灯都打开,此时按一下设置按钮,再按一下遥控器任意键,设置成功。

5)全关功能设置:所有灯都不亮时,此时按一下设置按钮,再按一下遥控器任意键,设置成功。

6)消除设置:在任意状态下,长按设置按钮3s,指示灯亮3下,表示已经清除原来的所有设置。若要恢复到出厂设置,需重新设置。

7)设置时可有多种组合。例如,三路的可以设置为一、二、三路单独控制,也可以设置一、二路同时打开,或二、三路同时打开,或一、三路同时打开。遥控器对开关的控制,可以多个开关使用一个遥控器来控制,也可以用多个遥控器来控制一个开关。

(3)遥控开关的安装。遥控开关安装步骤图如图6-37所示。

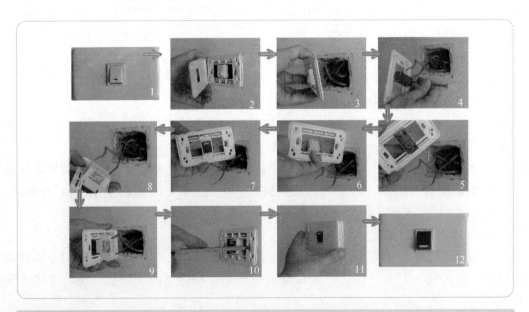

图6-37 遥控开关安装步骤图

7 声光控开关

声光控开关就是用声音和光照度来控制照明灯的开关，当环境的亮度达到某个设定值以下，同时环境噪声超过某个值，开关就会开启，所控制的灯就会亮。

（1）声光控开关的功能。

1）发声启控：在开关附近用手动或其他方式（如吹口哨、喊叫等）发出一定声响，就能立即开启灯光。

2）自动测光：采用光敏控制，该开关在白天或光线强时不会因声响而开启灯光。

3）延时自关：该开关一旦受控开启便会延时数十秒后将自动关断，减少不必要的电能浪费，实用方便。

4）用途广泛：声光控开关可用于各类楼道、走廊、卫生间、阳台、地下室车库等场所的自动延时照明。声光控开关对负载大小有一定要求，负载过大容易造成内部功率器件过热甚至失控，以至于损坏，所以普通型控制负载在 60W 以下为宜。由于声光控开关根据声响启动，容易误动作，现在正逐步被红外线开关取代。

常用的声光控开关有螺口型和面板型两大类，如图 6-38 所示。螺口型声光控开关直接设计在螺口平灯座内，不需要在墙壁上另外安装开关；面板型声光控开关一般安装在原来的机械开关位置处。

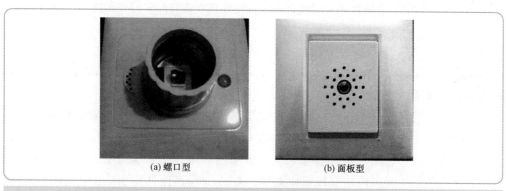

(a) 螺口型　　　　　　　　　(b) 面板型

图 6-38　常用声光控开关的外形

(a) 螺口型；(b) 面板型

（2）声光控开关的安装。面板型声光控开关与机械开关一样，可串联在灯泡回路中的相线上工作，因此安装时无需更改原来线路。可根据固定孔及外观要求选择合适的开关直接更换，接线时也不需考虑极性。

螺口型声光控开关与安装平灯座照明灯的方法一样。

1）尽可能将声光控开关装在人手不及的高度以上，以减少人为损坏和避免丢失，延长实际使用寿命。安装位置尽可能符合环境的实际照度，避免人为遮光或者受其他持续强光干扰。

2）普通型声光控开关所控灯泡负载不得大于 60W，严禁一个开关控制多个灯泡。当控制负载较大时，可在购买时向生产厂家特别提出。如果要控制几个灯泡，可以加装一个小型继电器。

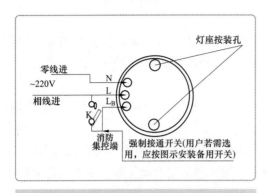

零线进
~220V
相线进
N
L
L_B
K
消防
集控端
灯座按装孔
强制接通开关(用户若需选用,应按图示安装备用开关)

图 6-39 有应急端的声光控开关接线图

3) 安装时不得带电接线,并严禁灯泡灯口短路,以防造成开关损坏。

4) 没有应急端的声光控开关(只有进出两线)不必考虑接线极性,直接串联在灯泡相线上即可;有应急端的声光控开关(有进线、出线和零线)对接线有特殊规定,必须按接线图接线,如图 6-39 所示。

5) 净采光头应向上垂直安装,且避开所控灯光照射。要及时或定期擦净采光头的灰尘,以免影响光电转换效果。

6.4 家居照明灯具的安装

照明灯具是整个居家装饰的有机组成,人们装修新居或改造旧居都特别重视。得体的灯饰无疑会为居室起到锦上添花的作用。在现代家庭装饰中,灯具的作用已经不仅仅局限于照明,更多时候起到的是装饰作用。因此,家庭各种灯具安装有许多讲究和技巧。

6.4.1 家居照明设计基本思路

照明设计方案的个性化:

家是私人空间,有其私密性和个性化要求,因此照明设计方案需要考虑到这一特点。所谓个性化,通常体现为某种特定的氛围或心理上的感受,像入口门厅、私人会客厅或节日餐厅等处是需要强调氛围效果的区域。在家居照明中能够明确提出统一要求的是一些要进行精细视觉作业的区域或空间,比如厨房中的操作台、浴室中的化妆区及家居中书写阅读区域。

家居照明主要根据房间的布局、装饰、生活的内容而发生变化。白天有自然光照射时,对照明灯具的选择及布灯都会有影响。

❶ 入口

入口是给客人留下第一印象的空间。此外还希望家人一进门就能感受到温馨的氛围。入口通常用壁灯,安装在门的一侧或两侧壁面上,距地面1.8m左右。透明灯泡外用透明玻璃灯具,既美观又可以产生欢迎的效果,乳白色玻璃灯具使周围既明亮又有安全感,但这些灯都照不到脚下。特别在有阶梯的地方,用筒灯比较多。

❷ 玄关入口

玄关入口要求使用一般照明。如果有绿色植物、绘画、壁龛等装饰物,可采用重点照明,创造一个生动活泼的空间。鞋柜下如装光源,可以将地面照得非常亮,但如果地面有光泽，则由于反光而不好看。

③ 走廊楼梯

为了能起到顺利地到达各房间的引导效果，避免使用妨碍移动的照明灯具。走廊比较窄小，如用壁灯则要注意突出的大小程度。长走廊选择用筒灯的情况比较多，在墙面上产生有规则的光与影，引导效果会比较好。

在有楼梯的地方由于楼梯的高度差要求有安全照明。特别是下楼梯时，要注意防止发生踏空摔下去的事故，所以要使用不会产生眩光的灯具，并且不能安装在使踏面位于阴影的位置。走廊与楼梯的照明要使用三路开关，并在两个位置可以控制。

④ 卫生间

卫生间与浴室中涉及的视觉作业主要是一些常见内容。在其他场合中所要求的氛围性照明或艺术化照明，在大多数卫生间和浴室的设计中则要将它放在显要的位置。而对于那些配有大型按摩浴设施和康体健身区的豪华卫生间来说，则要进行特殊的照明设计。

在卫生间与浴室中，主要是为在镜子前面进行化妆和刮脸等活动提供相应照明，而沐浴、短时间阅读等可借助于卫生间中环境照明来满足。

卫生间和浴室的环境照明要求是有一定特殊性的。在通常情况下，安装在房间顶上的防雾防湿吸顶灯可以满足环境照明的要求。镜子的上方或两侧可用防湿镜前灯，也可在镜子周围使用几盏低瓦数的防湿灯具。这样使在下巴及其以下部分都能照亮，方便化妆和刮胡子。但不能产生太热的感觉，要注意灯的数量与瓦数。

经验提示：为保证正确显示皮肤的肤色，建议使用色温为 3000K、显色指数为 80 以上的光源。

⑤ 厨房

厨房有 I 字形、U 字形、岛形及柜台型等几种。厨房主要用于做饭，从规模方面来看，有仅做一些简单食物的，还有能边做边与家人聊天的。照明基本要求是能够照亮餐台台面、灶台台面、水槽等工作面。

在照明设计时，要避免在工作面上产生阴影。厨房中的环境照明或一般照明有可能将人影投射到工作台面上并影响工作。所以应该注意不要使用过强的作业照明灯直接照明工作台面。

厨房选择光源和灯具提示：

（1）吸顶式荧光灯：安装在天花板的中间部位，以使整个房间内的光照分布均匀，灯具的侧面和底面覆盖控光透镜，让灯下和侧面都有适合的光照，以兼顾灯下的照明和壁柜的照明。灯具要做到防雾防湿。

（2）橱柜上的荧光灯：直接照射操作台面，对淘汰要做适当的遮挡，以避免眩光的影响。需要在灯具的出光口配置封闭式透光罩，以避免灰尘和油污的聚集。

（3）炉灶上面的抽油烟机会自配照明光源，它完全能够满足灶台上作业照明的需要。

选择光源时，要格外注意光源的显色性，许多标准荧光灯照射到食品上后，让人看到这些食品就会觉得没有胃口。在通常情况下，采用色温为 3000K、显色指数在 80 以上的光源，是比较适合的。

⑥ **餐厅**

餐厅的中心是餐桌。要求照明使餐布、碗筷、食物等餐桌上的一切显得明亮美丽，使食物能够引起人的食欲。餐桌的照明灯具使用最多的是吊灯。根据餐桌的大小，可用1～3盏吊灯。如果餐厅不太大，这种吊灯完全可以兼作餐桌照明和一般照明。

经验提示：餐厅通常选用色温为3000K、显色指数在80以上的光源，能更好地突显食物色泽。

⑦ **卧室**

卧室基本上是为了就寝的空间，第一要求是照明应起到催眠的效果。依房间使用方式不同，照明可满足就寝前看书、看电视、化妆、拿衣服等生活行为。建议一般照明与局部照明兼顾。催眠用照明灯具本身的亮度不能太高，一般照明也不能太亮。卧室可使用带罩台灯表现出所需氛围。

对于老年人的卧室，为了便于老人半夜上厕所，应安装不太亮的长明灯。

选择光源时，应注意使整个卧室的色调尽量保持一致，另外也要注意在整个卧室中保持显色性方面的一致性。这样可以在整体上保持一种温和的视觉氛围，避免产生跳跃感和生硬感。由于不同的人对卧室的光环境氛围要求不同，故在这里不对色温和显色指数进行推荐。

⑧ **书房**

书房是以视觉作业为主要目的的空间。计算机已普遍进入千家万户，故书桌上的照明设计要以显示屏的亮度为主，有必要对周围的亮度比、照度比进行大量、详细的探究。计算机操作照明的亮度一般按纸面文本与键盘面、显示屏、显示屏背景壁面的顺序依次增加。计算机操作照明除一般照明外，还使用臂式台灯作为局部照明。

经验提示：学习房间、书房内不仅进行视觉作业，由于长时间作业后需要放松，这时兼有营造轻松氛围的照明非常重要。

⑨ **客厅**

客厅是家居中使用频率最高的多功能空间。集聚会、看电视、看书、接待客人等功能于一体的客厅的照明需要一室多灯，并需将开关电路分控，使照明效果与各种活动相配合。特别是房间越大越会同时进行各种不同的活动。要注意布灯时避免各种光线相互干扰。在与顶棚高度相比非常大的房间中，人们的视野大部分在顶棚表面，所以顶棚照明显得尤为重要。要注意不能选择易产生眩光的灯具。

根据一般照明灯具的配光分类，顶棚、壁面对空间的氛围和平均照度有很大的影响。因此要充分了解表面的情况，选择合适的灯具进行照明。通常推荐没有眩光的筒灯，如果室内很亮，使用檐板照明那样的间接照明无论是效率还是效果都会很好。

经验提示：看电视时的照明有一种特殊要求，此时客厅中其他地方的照明往往是不需要的，或是对看电视有妨碍的。建议在电视附近提供柔和、适度的照明。

⑩ **庭院与通道**

庭院内考虑到白天的景观，照明要尽量隐藏在树木等内部。因此最好使用小型灯具，典型的有紧凑型荧光灯具、低压卤钨灯具。照明要照亮的是庭院内树木、花坛、石头、水池等，较小的庭院可用1～2盏，大的庭院包括入口处的照明，使用大量的灯具照亮院内的重要景观要素，可以在黑暗的庭院中表现出戏剧性的景色。

在照明的装饰手法中，还有将树叶的影子投射到墙壁上的投影照明，照亮树木产生引导的照明效果，使周围的景色映入水池等的水面照明等。

6.4.2 家居照明灯饰

1 电光源常用术语

家居照明电光源常用术语的含义见表6-5。

表6-5　　　　　　　　　　　家居照明电光源常用术语的含义

常用术语	技术含义
光通量	光源在单位时间内向周围空间辐射并引起视觉的总能量，单位为流明（lm）
光强度	单位时间内电光源在特定方向单位立体角内发射的光通量，单位为坎［德拉］（cd），又称为烛光
发光效率	电光源消耗单位功率（1W）所发射的光通量，单位为流明/瓦（lm/W）
亮度	单位面光源（1m² 面光源）在其法线方向的光强度，单位为坎［德拉］/平方米（cd/m²）
照度	受照物体单位面积（1m²）上所得到的光通量，单位为勒［克斯］（lx）
色温	电光源所发出光的颜色与黑体加热到某一温度所发出光的颜色相同时，单位为热力学温度开尔文（K）
光色	随着光的色温从低向高变化，人眼感觉其颜色从暗红→鲜红→白→浅蓝→蓝的变化
显色指数	又称为显色性，指物体用电光源照明显现的颜色和用标准光源或准标准光源照明显现的颜色的接近程度，无单位。通常用正常日光作为准标准光源，国际上规定正常日光的显色指数为100
眩光	光强过大或闪烁过甚的强光令人眼花目眩，这种强光称为眩光
初始值	电光源老化一定时间（如100h）后测得的光电参数值
光通维持率	电光源使用一段时间后的光通量与其初始值之比，通常用百分数表示
光衰	指电光源使用一段时间后，其光通量的衰减情形。光衰大，光通维持率小；光衰小，光通维持率大。可以说，光衰是电光源衰减快慢的定性描述，而光通维持率是电光源衰减快慢的定量描述
寿命	电光源燃点至明显失效或光电参数低于初始值的某一特定比率（如50%）时的累计使用时间，单位为小时（h）
平均寿命	指一批产品测得的寿命的平均值，单位为小时（h）
启动电压	指放电灯开始持续放电所需的最低电压，单位为伏［特］（V）
额定电压	维持电光源正常工作时所需的工作电压，单位为伏［特］（V）
额定电流	电光源正常工作时的工作电流，单位为安［培］（A）或毫安（mA）
额定功率	电光源正常工作时所消耗的电功率，单位为瓦［特］（W）

② 室内照明方式

根据灯光光通量的空间分布状况及灯具的安装方式，室内照明方式可分为间接照明、半间接照明、直接间接照明、漫射照明、半直接照明、宽光束的直接照明和高集光束的下射直接照明 7 种。室内照明方式的介绍及说明见表 6-6。

表 6-6   室内照明方式的介绍及说明

照明方式	照明效果	说明
间接照明	由于将光源遮蔽而产生间接照明，把 90%～100%的光射向顶棚、穹隆或其他表面，从这些表面再反射至室内。当间接照明紧靠顶棚后，几乎可以造成无阴影，是最理想的整体照明。上射照明是间接照明的另一种形式，简形的上射灯可以用于多种场合	
半间接照明	将 60%～90%的光线向天棚或墙面上部照射，把天棚作为主要的反射光源，而将 10%～40%的光直接照射在工作面上。从天棚反射来的光线趋向于软化阴影和改善亮度比。由于光线直接向下，照明装置的亮度和天棚亮度接近相等	
直接间接照明	对地面和天棚提供近于相同的照度，即均为 40%～60%，而周围光线只有很少，这样就必然在直接眩光区的亮度是低的 这是一种同时具有内部和外部反射灯泡的装置，如某些台灯和落地灯能产生直接间接光和漫射光	为了避免天棚过亮，下吊的照明装置的上沿至少低于天棚 305～460mm
漫射照明	对所有方向的照明几乎都一样。为了控制眩光，漫射装置圈要大，灯的瓦数要低	
半直接照明	有 60%～90%的光向下直射到工作面上，而其余 10%～40%的光则向上照射，由下射照明软化阴影的百分比很少	
宽光束的直接照明	具有强烈的明暗对比，并可造成有趣生动的阴影。由于其光线直射于目的物，如不用反射灯泡，会产生强的眩光。鹅颈灯和导轨式照明属于这一类	
高集光束的下射直接照明	因高度集中的光束而形成光焦点，可用于突出光的效果和强调重点的作用。它可在墙上或其他垂直面上提供充足的照度，但应防止过高的亮度比	

③ 室内照明布局形式

室内照明布局形式包括窗帘照明、花檐反光、凹槽口照明、发光墙架、底面照明、龛孔（下射）照明、泛光照明、发光面板和导轨照明等布局形式。常用照明布局形式见表 6-7。

表 6 - 7 常 用 照 明 布 局 形 式

照明方式	布局形式
窗帘照明	将荧光灯管或灯带安置在窗帘盒背后，内漆为白色以利于反光。光源的一部分朝向天棚，一部分向下照在窗帘或墙上，在窗帘顶和天棚之间至少应有 254mm 空间。窗帘盒把设备和窗帘顶部隐藏起来
花檐反光	用作整体照明，檐板设在墙和天棚的交接处，至少应有 154mm 深度，荧光灯板布置在檐板之后，常采用较冷的荧光灯管，这样可以避免任何墙的变色 为了有最好的反射光，面板应涂以无光白色，花檐反光对引人注目的壁画、图画、墙画的质地是最有效的，特别是在低天棚的房间中采用，给人天棚高度较高的感觉
凹槽口照明	这种槽形装置通常靠近天棚，使光向上照射，提供全部漫射光线，有时也称为环境照明。由于亮的漫射光引起天棚表面似乎有退远的感觉，使其能创造开敞的效果和平静的气氛，光线柔和。此外，从天棚射来的反射光可以缓和在房间内直接光源热能的集中辐射。不同距离的凹槽口照明布置方式如图 6 - 40 所示
发光墙架	由墙上伸出的悬架来照明，它布置的位置要比窗帘照明低，并和窗无必然的联系
底面照明	任何建筑构件下部底面均可作为底面照明，某些构件下部空间为光源提供了一个遮蔽空间，常用于浴室、厨房、书架、镜子、壁龛和搁板
龛孔（下射）照明	将光源隐蔽在凹处，这种照明方式包括提供集中照明的嵌板固定装置，可以是圆形、正方形或矩形的金属盒，安装在顶棚或墙内
泛光照明	加强垂直墙面上照明的过程称为泛光照明，起到柔和质地和阴影的作用。泛光照明有许多不同的方式，如图 6 - 41 所示
发光面板	发光面板可以用在墙上、地面、天棚或某一个独立装饰单元上，它将光源隐蔽在半透明的板后。发光天棚是常用的一种，广泛用于厨房、浴室或其他工作地区，为人们提供一种舒适、无眩光的照明
导轨照明	现代室内也常采用导轨照明。它包括一个凹槽或装在面上的电缆槽，灯具支架就附在上面，布置在轨道内的圆辊可以很自由地转动，轨道可以连接或分段处理，做成不同的形状。这种灯用于强调或平化质地和色彩，主要取决于灯的所在位置和角度。 要保持其效果最好，安装距离推荐使用以下数据 （1）天棚高度（mm） （2）轨道灯离墙距离（mm） ① 2290～2740 ① 610～910 ② 2740～3350 ② 910～1220 ③ 3350～3960 ③ 1220～1520

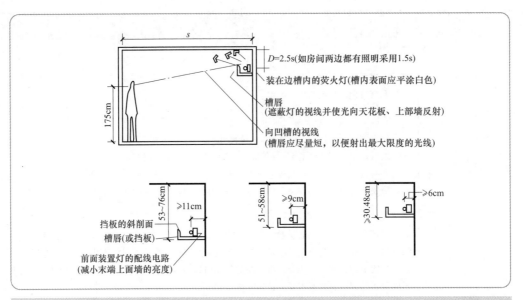

图 6-40　不同距离的凹槽口照明布置

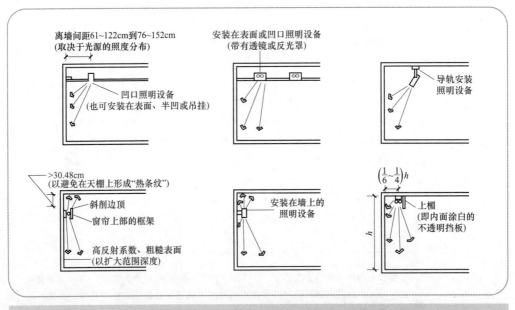

图 6-41　泛光照明的不同方式

④　家庭常用电光源

（1）白炽灯。白炽灯的显色指数很高，能够达到 100，这就意味着可以完全显示物体的本来面目。白炽灯的色温在 2700～2800K，颜色比较柔和。根据上述特点，家居中白炽灯常常在餐厅、儿童房等空间使用，看上去颜色比较舒服。尤其是在儿童房中使用，对保护婴幼儿的视力有很大的好处。

（2）卤钨灯。卤钨灯属于金属卤化物灯的一种，主光谱波长的有效范围为350～450mm。卤钨灯的寿命一般为3000～4000h，其色温在2700～3250K之间。这种灯可用于重点照明，例如为了凸显墙上的装饰画、室内的摆件等，可以用冷光灯杯进行照射。这种白光可以根据不同的家装风格进行变化，与整体氛围保持一致。因为在灯泡壳内部有一定量的反射型涂层，使灯泡能将光线推向前方，所以卤钨灯比普通型白炽灯更方便控制光束，如图6-42所示。

（3）荧光灯。主要用放电产生的紫外辐射激发荧光粉而发光的放电灯称为荧光灯。荧光灯分为传统型荧光灯和无极荧光灯。

图6-42　卤钨灯

传统型荧光灯即低压汞灯。它利用低气压的汞蒸气在放电过程中辐射紫外线，从而使荧光粉发出可见光，因此属于低气压弧光放电光源。

无极荧光灯即无极灯，它取消了传统型荧光灯的灯丝和电极，利用电磁耦合的原理，使汞原子从原始状态激发成激发态，其发光原理和传统型荧光灯相似。它是目前新型的节能光源，具有寿命长、光效高、显色性好等优点。

（4）家庭常见的荧光灯类型

1）直管形荧光灯。这种荧光灯属于双端荧光灯。常见标称功率有4、6、8、12、15、20、30、36W和40W。管径型号有T5、T8、T10和T12，灯座型号有G5和G13。目前较多采用T5或T8。为了方便安装、降低成本和安全起见，许多直管形荧光灯的镇流器都安装在支架内，构成自镇流型荧光灯，如图6-43所示。

2）环形荧光灯。环形荧光灯有粗管和细管之分，粗管直径在30mm左右，细管直径在16mm左右。环形荧光灯有使用电感镇流器和电子镇流器两种。从颜色上分，环形荧光灯色调有暖色和冷色，暖色比较柔和，冷色比较偏白。环形荧光灯用于室内照明，是绿色照明工程推广的主要照明产品之一。环形荧光灯主要用于吸顶灯、吊灯等作为配套光源使用，如图6-44所示。

图6-44　环形荧光灯

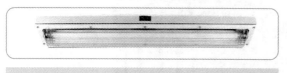

图6-43　直管形荧光灯

3）单端紧凑型节能荧光灯。这种荧光灯的灯管、镇流器和灯头紧密地连成一体（镇流器放在灯头内），除了破坏性打击，无法拆卸它们，故被称为紧凑型荧光灯。单端紧凑型节能荧光灯属于节能灯，能用于大部分家居灯具里。由于无需外加镇流器，驱动电路也在镇流器内，故这种荧光灯也是自镇流荧光灯和内启动荧光灯。整个灯通过 E27 等灯头直接与供电网连接，可方便地直接取代白炽灯。

节能灯因灯管外线不同，分为 U 形管、螺旋管和直管型三种。图 6-45 所示为螺旋管型节能灯。

图 6-45　螺旋管型节能灯

单端紧凑型节能荧光灯的寿命比较长，一般是 8000～10000h。节能灯的显色指数为 80 左右，部分产品可达到 85 以上，节能灯的色温在 2700～6500K 之间。节能灯有黄光和白光两种灯光颜色供选择。一般人心理上觉得黄光较温暖，白光较冷。目前很多家庭喜欢用黄色暖光的节能灯，效果很好。

（5）LED 灯。LED 即发光二极管，是一种能够将电能直接转化为可见光的固态半导体器件。

LED 依靠电流通过固体直接辐射光子发光，发光效率是白炽灯的 10 倍，荧光灯的 2 倍。同时理论寿命长达 100000h，防震动，安全性好，不易破碎，非常环保。

LED 室内装饰及照明的灯具主要有 LED 点光源、LED 玻璃线条灯、LED 球泡灯、LED 灯串、LED 洗墙灯、LED 地砖灯、LED 墙砖灯、LED 荧光灯、LED 大功率吸顶盘等，如图 6-46 所示。

近年来，随着照明灯饰的发展，灯具不但能起到照明效果，而且更多地体现艺术氛围。例如，在室内吊顶时，采用方向可任意调节的装饰性暗光灯具，借助 LED 灯光控制器，可营造出多种浪漫的情景，如图 6-47 所示。

图 6-46　LED 室内装饰灯

图 6-47　LED 暗光灯具效果图

⑤ 常用电光源技术参数

常用电光源技术参数见表6-8。

表6-8 常用电光源技术参数

光源种类	光效/（l_{m}/W）	显色指数 R_a	色温（K）	平均寿命（h）
白炽灯	15	100	2800	1000
卤钨灯	25	100	3000	2000～5000
普通荧光灯	70	70	全系列	10000
三基色荧光灯	90	80～98	全系列	12000
紧凑型荧光灯	60	85	全系列	8000
高压汞灯	50	45	3300～4300	6000
金属卤化灯	75～95	65～92	3000/4500/5600	6000～20000
高压钠灯	100～120	23/60/85	1950/2200/2500	24000
低压钠灯	200	85	1750	28000
高频无极灯	50～70	85	3000～4000	40000～80000
固体白灯	20	75	5000～10000	100000

6.4.3 居室灯具选配

现代家庭的灯具不仅具有照明的功能，还具有美化居室、烘托气氛、点缀环境的作用。因此在选购灯具时，应该了解灯具的艺术特点，并结合考虑房间的结构、大小、功能、色彩、需求等因素，使之能与房间整体效果和谐统一，充分发挥灯具的照明和艺术功效。

家居常用灯具照明效果：

（1）吊灯——给人以热烈奔放、富丽堂皇的感受，适用于客厅。

（2）壁灯——柔和含蓄、温馨浪漫，适用于卧室，可与床或梳妆台组成一体。

（3）吸顶灯——高雅温和，适用于卧室。

（4）落地灯——形成多彩多姿，主要作为工艺品欣赏，可放在卧室床头，一般多用于客厅，在沙发旁边。

（5）台灯——幽深宁静，有神秘感，是书房的必备灯具，也是写字台上不可缺少的点缀。

❶ 家庭选配灯具的一般原则

（1）应根据主人的实际需求和喜好来选择灯具的样式。

（2）灯具的色彩应与家居的环境装修风格相协调。

（3）灯具的大小要结合室内的面积、家具的数量及相应尺寸来配置。

（4）在选择灯具时不能一味地贪图便宜，而要先看其质量，检查质保书、合格证是否齐全。

（5）从省电的角度出发，可以多安装节能光源。

❷ 各个房间灯饰搭配方法

（1）门厅。门厅是家居给人的第一印象，能影响一个人的情绪，而且是主要的过往空间，必须有良好的照明来保证使用的效果。一般在门厅的顶部加装嵌入式筒灯。在门厅内的柜或墙上设灯，会使门厅内产生宽阔感，如图6-48所示。

图6-48 门厅照明效果图

（2）客厅。由于客厅是一个公共区域，所以颜色要丰富、有层次、有意境，这样可以烘托出一种友好、亲切的气氛。如果房间较高，宜用吊灯或一个较大的圆形吊灯，这样可使客厅显得通透。但不宜用全部向下配光的吊灯，而应使上部空间也有一定的亮度，以缩小上、下空间的亮度差别。如果房间较低，可用吸顶灯加落地灯，这样客厅显得明快大方，具有时代感，如图6-49所示。

（3）书房。书房照明应以明亮、柔和为原则，选用白炽灯泡的台灯较为合适。写字台的台灯应适应工作性质和学习需要，宜选用带反射罩、下部开口的直射台灯，台灯的光源常用白炽灯、荧光灯，如图6-50所示。

图6-49 客厅照明效果图

图6-50 书房照明效果图

（4）卧室。卧室里要多配几种灯，如吸顶灯、台灯、落地灯、床头灯等，应能随意调整、混合使用，如图6-51所示。

（5）餐厅。餐厅的餐桌要求水平照度，故宜选用强烈向下直接照射的灯具或拉下式灯具，使其拉下高度在桌上方600～700mm处，灯具的位置一般在餐桌的正上方。灯罩宜用外表光洁的玻璃、塑料或金属材料，以便随时擦洗，如图6-52所示。

（6）厨房。厨房最好装一盏顶灯作为全面照明，并另设一盏射钉对准灶台以便于操作。厨房中的灯具要安装在能避开蒸汽和烟尘的地方，宜用玻璃或搪瓷灯罩，便于擦洗又耐腐蚀，如图6-53所示。

（7）卫浴间。卫浴间一般很少有自然光，灯具应具有防潮和不易生锈的功能，光源应采用显色指数高的白炽灯，如图6-54所示。

图 6-51 卧室照明效果图

图 6-52 餐厅照明效果图

图 6-53 厨房照明效果图

图 6-54 卫浴间照明效果图

6.4.4 家居灯具安装

1 家庭室内照明灯具安装技术要求：

（1）安装照明灯具最基本要求是必须牢固、平整、美观。

（2）室内安装壁灯、床头灯、台灯、落地灯、镜前灯等灯具时，灯具的金属外壳均应接地，以保证使用安全。

（3）卫生间及厨房装矮脚灯头时，宜采用瓷螺口矮脚灯头座。螺口灯头接线时，相线（开关线）应接在中心触头端子上，零线接在螺纹端子上。

（4）安装台灯等带开关的灯头时，为了安全，开头手柄不应有裸露的金属部分。

（5）在装饰吊顶安装各类灯具时，应按灯具安装说明的要求进行安装。灯具质量大于 3kg 时，应采用预埋吊钩或从屋顶用膨胀螺栓直接固定支吊架安装（不能用吊平顶或吊龙骨支架安装灯具）。从灯头箱盒引出的导线应用软管保护至灯位，防止导线裸露在平顶内。

（6）同一场所安装成排灯具一定要先弹线定位，再进行安装，中心偏差应不大于

2mm。要求成排灯具横平竖直，高低一致；若采用吊链安装，吊链要平行，灯脚要在同一条线上。

（7）安装照明器具时一定要保证双手是干净的，不得有污物，安装好以后要立即用干布擦一遍，保证干净。

（8）在灯具安装过程中，要保证不得污染、损坏已装修完毕的墙面、顶棚、地板。

❷ 室内照明灯具安装施工步骤

应在顶棚和墙面喷浆、油漆或壁纸等及地面清理工作基本完成后，才能安装灯具。室内照明灯具安装步骤如下：

（1）灯具验收。

（2）穿管电线的绝缘检测。

（3）对螺栓、吊杆等预埋件的安装。

（4）灯具组装。

（5）灯具安装。

（6）灯具接线。

（7）试灯。

❸ 吸顶灯的安装

吸顶灯可以直接装在天花板上，安装简易，款式简洁大方，赋予空间清朗明快的感觉。常用的吸顶灯有方罩吸顶灯、圆球吸顶灯、尖扁圆吸顶灯、半圆球吸顶灯、半扁球吸顶灯、小长方罩吸顶灯等，其安装方法基本相同。

（1）钻孔和固定挂板。对于现浇的混凝土实心楼板，可直接用电锤钻孔，打入膨胀螺栓，用来固定挂板。固定挂板时，在木螺钉往膨胀螺栓里拧紧时，不要一边完全到位了才固定另一边，那样容易导致另一边的孔位置对不齐。正确的方法是粗略固定好一边，使其不会偏移，然后固定另一边，两边要同时且交替进行。

安装经验指导： 为了保证使用安全，当在砖石结构中安装吸顶灯时，应采用预埋吊钩、螺钉、膨胀螺栓、尼龙塞或塑料塞固定，严禁使用木楔。

（2）拆开包装，先把吸顶盘接线柱上自带的一点线头去掉，并把灯管取出来。

（3）将220V的相线（从开关引出）和零线连接在接线柱上，与灯具引出线相接。有的吸顶灯的吸顶盘上没有设计接线柱，可将电源线与灯具引出线连接，并用黄蜡带包紧，外面加包黑胶布，将接头放到吸顶盘内。

（4）将吸顶盘的孔对准吊板的螺钉，将吸顶盘及灯座固定在天花板上。

（5）按说明书依次装上灯具的配件和装饰物。

（6）插入灯泡或安装灯管（这时可以试一下灯是否能亮）。

（7）把灯罩盖好。

如果在厨房、卫生间的吊顶上安装嵌入式吸顶灯，先要按实际安装位置在扣板上打孔，将电线引过来，并在吊顶内安装三角龙骨，（常见的三角龙骨有两种，一种为内翻边龙骨，一种为外翻边龙骨，相比之下，内翻边龙骨更有优势）。使三角龙骨上边与吊筋连接，下边与灯具上的支撑架连接，这样做既安全又能保证位置准确，便于用弹簧卡子固定吸顶盘。注意处理好吸顶灯与吊顶面板的交接处，一般吸顶灯的边缘应盖住吊顶面板，否则影响美观。

> **吸顶灯安装经验指导：**
>
> 1）吸顶灯不可直接安装在可燃的物体上。有的家庭为了美观用油漆后的三层板衬在吸顶灯的背后，实际上这很危险，必须采取隔热措施；如果灯具表面的高温部位靠近可燃物时，也要采取隔热或散热措施。
>
> 2）引向吸顶灯每个灯具的导线线芯的截面积，铜芯软线不小于 $0.4\ mm^2$，否则引线必须更换。导线与灯头的连接、灯头间并联导线的连接要牢固，电气接触应良好，以免由于接触不良，出现导线与接线端之间产生火花而发生危险。
>
> 3）如果吸顶灯中使用的是螺口灯头，则其相线应接在灯座中心触头的端子上，零线应接在螺纹的端子上。灯座的绝缘外壳不应有破损和漏电，以防更换灯泡时触电。
>
> 4）与吸顶灯电源进线连接的两个线头，电气接触应良好，还要分别用黑胶布包好，并保持一定的距离。如果有可能，尽量不将两个线头放在同一块金属片下，以免短路，发生危险。

④　组合吊灯的安装

由于组合吊灯较重，需要在楼板上预埋吊钩，在吊钩上安装过渡件，然后进行灯具组装。若灯具较小，质量较轻，也可用钩形膨胀螺栓固定过渡件，如图 6 - 55 所示。注意，每个膨胀螺栓的理论质量应该限制在 8kg 左右，质量为 20kg 的最少应该用 3 个。同时，应固定好接线盒。

由于组合吊灯的配件比较多，所以组装灯具一般在地面上进行。为防止损伤灯具，可在地面上垫一张比较大的包装纸或布。

图 6 - 55　钩形膨胀螺栓

组合吊灯的组装步骤如下：

（1）弯管穿线。

（2）连接灯杯、灯头。

（3）直管穿电源线。

（4）将连接好灯杯、灯头的弯管（若干支）安装固定在直管上。

（5）安装灯鼓。

（6）组装连接吸顶盘。

（7）安装灯罩。

⑤　嵌入式筒灯的安装

嵌入式筒灯的最大特点就是能保持建筑装饰的整体统一与完美，不会因为灯具

图 6-56　嵌入式筒灯

的设置而破坏吊顶艺术的完美统一。筒灯通常用于普通照明或辅助照明，在无顶灯或吊灯的区域安装筒灯，光线相对于射灯要柔和。一般来说，筒灯可以装白炽灯泡，也可以装节能灯。

筒灯规格有大（5in）、中（4in）、小（2.5in）三种。筒灯的安装方式有横插和竖插两种，横插价格比竖插要贵少许。一般家庭用筒灯最大不超过2.5in，装入 5W 节能灯就行，如图 6-56 所示。

嵌入式筒灯安装经验指导：

（1）在吊顶板上定位并按照筒灯的大小开孔。

（2）将筒灯的灯线连接牢固。

（3）把灯筒两侧的固定弹簧向上板直，插入顶棚上的圆孔中，把灯筒推入圆孔直至推平，板直的弹簧会向下弹回，撑住顶板，筒灯会牢固地卡在顶棚上。

（4）筒灯维修方法。维修时，只要把灯筒用力慢慢下拉，灯筒两侧的弹簧会向上翻起，拉到露出弹簧，用手顶住弹簧，把筒灯取下。将筒灯镶入孔中，注意将卡口扣好。

⑥　水晶灯的安装

水晶灯一般分为吸顶灯、吊灯、壁灯和台灯几大类，需要电工安装的主要是吊灯和吸顶灯。虽然各个款式品种不同，但是它们的安装方法相似。

目前，水晶灯的电光源主要有节能灯、LED 灯或者是节能灯与 LED 灯的组合，如图 6-57 所示。由于大多数水晶灯的配件都比较多，安装时一定要认真阅读说明书。

图 6-57　普通水晶灯安装效果图

（1）打开包装，检查各个配件是否齐全，有无破损。

（2）检查配件后，接上主灯线通电检查，如果有通电不亮等情况，应及时检查线路（大部分是运输中线路松动）；如果不能检查出原因，应及时与商家联系。这个步骤很重要，否则配件全部挂上后才发现灯具部分不亮，又要拆下，徒劳无功。

（3）通电试亮后，对照图样的外形及配件，看看哪些配件需要组装，一般吸顶灯都装好了，只是为了包装方便，可能部分部件没有组装，这时需要组装上。

（4）组装完毕后，取下灯具底盘后面的挂板，把挂板固定到天花板上，其方法与前面介绍吸顶灯挂板安装方法相同。

（5）固定好挂板后，把灯挂上（需要 2～3 人配合），挂好后撕下灯具的保护膜，把灯泡拧上，然后通电再一次试亮。

（6）挂好灯具后，把水晶片、玻璃片等配件挂上。

（7）把长短不同的水晶柱一个一个挂上（一般为穿孔式，数量比较多，有的灯具有几百个水晶挂件），在安装过程中要注意按分类顺序排列，装完以后要仔细检查一下，注意挂的位置要均匀。

水晶灯安装经验指导：

1）安装水晶灯之前一定先把安装图认真看明白，安装顺序千万不要搞错。

2）安装灯具时，如果是装有遥控装置的灯具，必须分清相线与零线，否则不能通电且容易烧毁。

3）如果灯体比较大难以接线，可以把灯体的电源接线加长，一般加长到能够接触到地面为宜，这样会容易安装，装上后可以把电源线藏于灯体内部，不影响美观和正常使用。

4）为了避免水晶上印有指纹和汗渍，在安装时操作者应戴上白色手套。

---

❼ 壁灯的安装

常见的壁灯有床头壁灯、镜前壁灯、普通壁灯等。床头壁灯大多装在床头的左上方，灯头可万向转动，光束集中，便于阅读；镜前壁灯多装饰在盥洗间镜子附近。

壁灯的安装高度一般距离地面 2240～2650mm。卧室的壁灯距离地面可以近些，为1440～1700mm，安装的高度略超过视平线即可。壁灯挑出墙面的距离为 95～400mm。

壁灯的安装方法比较简单，待位置确定好后，主要是固定壁灯灯座，一般采用打孔的方法，通过膨胀螺栓将壁灯固定在墙壁上，如图 6-58所示。

图 6-58 壁灯安装效果图

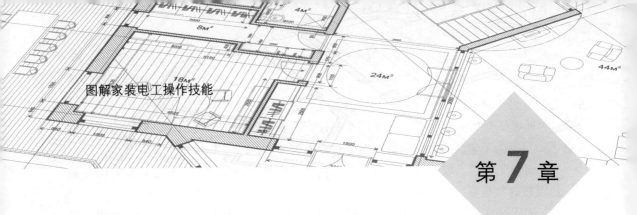

第**7**章

住 宅 布 线 工 艺

 本章要点

掌握住宅布线材料的特性和合理选用，熟练地掌握住宅布线的各项施工工艺，能娴熟地独立完成整个布管、布线、开槽、预埋和穿线操作程序。

 7.1 家庭装修布线规范与施工要点

家庭装修布线规范：

本规范适用于住宅单相入户配电箱户表后的室内强弱电电路布线及电器、灯具安装。

（1）配电箱户表后应根据室内用电设备的不同功率分别配线供电，大功率家电设备应独立配线安装插座。

（2）配线时，相线与零线的颜色应不同；同一住宅相线（L）颜色应统一，零线（N）宜用蓝色，保护线必须用黄绿双色线。

（3）导线间和导线对地间电阻必须大于 $0.5M\Omega$。

（4）各弱电子系统均用星形结构。

（5）进线穿线管 2～3 根从户外引入家用信息接入箱。出线穿线管从家用信息箱到各个户内信息插座。所敷设暗管（穿线管）应采用钢管或阻燃硬质聚氯乙烯管（硬质 PVC 管）。

（6）直线管的管径利用率为 $50\%～60\%$，弯管的管径利用率应为 $40\%～50\%$。

（7）所布线路上存在局部干扰源，且不能满足最小净距离要求时，应采用钢管。

（8）暗管直线敷设长度超过 30m 时，中间应加装过线盒。

（9）暗管必须弯曲敷设时，其路由长度应≤15m，且该段内不得有 S 弯。连续弯曲超过 2 次时，应加装过线盒。所有转弯处均用弯管器完成，为标准的转弯半径。不得采用国家明令禁止的三通、四通等。

（10）暗管弯曲半径不得小于该管外径的 6～10 倍。

（11）在暗管孔内不得有各种线缆接头。

（12）电源线配线时，所用导线截面积应满足用电设备的最大输出功率。

（13）电线与暖气管、热水管、煤气管之间的平行距离不应小于 300mm，交叉距离不应小于 100mm。

（14）穿入配管导线的接头应设在接线盒内，接头搭接牢固，刷锡并用绝缘带包缠应均匀紧密。

（15）暗盒均应该加装螺接以保护线路。

（16）电路配管、配线施工及电器、灯具安装除遵守本规定外，应符合国家现行有关标准规范的规定。

（17）工程竣工后应向业主提供综合布线工程竣工简图。

7.1.1　对主要材料质量要求

（1）电器、电料的规格、型号应符合设计要求及国家现行电器产品标准的有关规定。

1）电源线：国家标准，单个电器支线、开关线用标准 1.5mm^2，主线用标准 2.5mm^2，空调插座用 4mm^2。

2）背景音乐线：标准 $2 \times 0.3\text{mm}^2$。

3）环绕音响线：100 芯无氧铜。

4）视频线：AV 影音共享线。

5）网络线：超 5 类 UTP 双绞线。

6）有线电视线：宽带同轴电缆。

（2）电器、电料的包装应完好，材料外观不应有破损，附件、备件应齐全。

（3）塑料电线保护管及接线盒、各类信息面板必须是阻燃型产品，外观不应有破损及变形。

（4）金属电线保护管及接线盒外观不应有折扁和裂缝，管内应无毛刺，管口应平整。

（5）通信系统使用的终端盒、接线盒与配电系统的开关、插座，选用与各设备相匹配的产品。

7.1.2　家庭装修布线的施工要点

（1）应根据用电设备位置，确定管线走向、标高及开关、插座的位置。

1）电源插座间距不大于 3m，距门道不超过 1.5m，距地面 30cm。

2）所有插座距地面高度为 30cm。

3）开关安装距地面 1.2～1.4m，距门框 0.15～0.2m。

（2）电源线配线时，所用导线截面积应满足用电设备的最大输出功率。

（3）暗盒接线头留长 30cm，所有线路应贴上标签，并表明类型、规格、日期和工程负责人。

（4）穿线管与暗盒连接处，暗盒不许切割，必须打开原有管孔，将穿线管穿出。穿线管在暗盒中保留 5mm。

（5）暗线敷设必须配管。

（6）同一回路电线应穿入同一根管内，管内总根数不应超过 4 根。

（7）电源线与通信线不得穿入同一根管内。

（8）电源线及插座与电视线、网络线、音视频线及插座的水平间距不应小于 500mm。

（9）穿入配管导线的接头应设在接线盒内，接头搭接应牢固，绝缘带包缠应均匀紧密。

（10）连接开关、螺口灯具导线时，相线应先接开关，开关引出的相线应接在灯中心的端子上，零线应接在螺纹端子上。

（11）厨房、卫生间应安装防溅水型插座，开关宜安装在门外开启侧的墙体上。

（12）线管均采取地面直接布管方式，如有特殊情况需要绕墙或走顶棚的话，必须事先在协议上注明不规范施工或填写《客户认可单》方可施工。

7.2 布管、布线材料的特性及选用

7.2.1 PVC 电线管的性能及选用

家装电气工程中常用的是 PVC 电线管和 PVC 波纹管。

PVC 电线管通常分为普通聚氯乙烯（PVC）管、硬聚氯乙烯（PVC-U）管、软聚氯乙烯（PVC-P）管、氯化聚氯乙烯（PVC-C）管四种。

PVC 可分为软 PVC 和硬 PVC，其中硬 PVC 大约占市场的 2/3，软 PVC 占 1/3。软 PVC 一般用于地板、天花板以及皮革的表层，但由于软 PVC 中含有增塑剂（这也是软 PVC 与硬 PVC 的区别），物理性能较差，所以其使用范围受到了局限。

❶ PVC 电线管分类

PVC 电线管根据管型可分为圆管、槽管、波形管。圆形 PVC 电线管如图 7-1 所示。

PVC 电线管根据管壁的薄厚可分为：轻型-205 外径 φ16～φ50mm，主要用于挂顶；中型-305 外径 φ16～φ50mm，用于明装或暗装；重型-305 外径 φ16～φ50mm，主要用于埋于混凝土中。家庭装修主要选择轻型管和中型管。

图 7-1 圆形 PVC 阻燃电线管

PVC 电线管根据颜色可分为灰管、白管、黄管、红管等。

② PVC 电线管性能指标

PVC 电线管性能指标见表 7-1。

表 7-1　　　　　　　　　　　　　　PVC 电线管性能指标

项目	JG/T 3050—1998 标准要求
外观	套管内外表面应光滑，无明显的气泡、裂纹及色泽不均匀等缺陷，端口垂直平整，颜色为白色
尺寸	最大外径量规自重能通过；最小外径量规自重不能通过；最小内径量规自重能通过
抗压性能	相应载荷，加载 1min，变形＜25％；卸载 1min，变形＜10％
冲击性能	在 −15℃ 或 −5℃ 低温下，相应冲击能量，12 根试样至少 9 根无肉眼可见裂纹
弯曲性能	在 −15℃ 或 −5℃ 低温下，弯曲，无可见裂纹
弯扁性能	弯管 90° 角，固定于钢架上，在 60℃±2℃ 条件下，量规能自重通过
耐热性能	在 60℃±2℃ 条件下，直规 5mm 的钢珠施以 2kgf 压力在管壁上，管表面压痕直径＜2mm
跌落性能	无震裂、破碎
电绝缘强度	20℃±2℃ 水中，AC2000V、50Hz 保持 15min 不击穿
绝缘电阻	60℃±2℃ 水中，DC500V，电阻＞100MΩ
阻燃性能	离开火焰后 30s 内熄灭
氧指数	≥32

③ PVC 电线管的壁厚

PVC 电线管的壁厚见表 7-2。

表 7-2　　　　　　　　　　　　　　PVC 电线管的壁厚

公称外径（mm）	轻厚度（mm）	中厚度（mm）	重厚度（mm）
16	1.00（允许差＋0.15）	1.20（允许差＋0.3）	1.60（允许差＋0.3）
20	—	1.25（允许差＋0.3）	1.80（允许差＋0.3）
25	—	1.50（允许差＋0.3）	1.90（允许差＋0.3）
32	1.40（允许差＋0.3）	1.80（允许差＋0.03）	2.40（允许差＋0.3）
40	1.80（允许差＋0.3）	—	2.00（允许差＋0.3）

④ PVC 电线管型号及规格

PVC 电线管型号及规格见表 7-3。

表 7-3　　　　　　　　　　　　　　PVC 电线管型号及规格

型号	规格（mm）	每只米数	型号	规格（mm）	每只米数
F521L16	φ16	3.03m/只	F521M32	φ32	3 m/只
F521L20	φ20	3.03m/只	F521M40	φ40	3 m/只
F521L25	φ25	3.03m/只	F521M50	φ50	3 m/只
F521L32	φ32	3 m/只	F521L16	φ16	3.03m/只

型号	规格（mm）	每只米数	型号	规格（mm）	每只米数
F521L40	$\phi 40$	3 m/只	F521G20	$\phi 20$	3.03m/只
F521L50	$\phi 50$	3 m/只	F521G25	$\phi 25$	3.03m/只
F521M16	$\phi 16$	3.03m/只	F521G32	$\phi 32$	3 m/只
F521M20	$\phi 20$	3.03m/只	F521G40	$\phi 40$	3 m/只
F521M25	$\phi 25$	3.03m/只	F521G50	$\phi 50$	3 m/只

⑤ PVC 电线管质量检测

家装电线管应选用性价比较高、质量优的 PVC 电线管。在选用时可采取直观法检测 PVC 电线管质量，也可参照以下内容检查 PVC 电线管的质量。

（1）阻燃测试。用明火使 PVC 电线管连续燃烧 3 次，每次 25s，间隔 5s，在 PVC 电线管撤离火源后自熄为合格。

（2）弯扁测试。将 PVC 电线管内穿入弯管弹簧，将管子弯成 90°，弯曲半径为管径的 3 倍，弯曲处外观应光滑。

（3）冲击测试。用圆头锤子敲击无裂缝（可用于现场检查）。

（4）PVC 电线管外壁应有间距不大于 1m 的连续阻燃标记和厂家标记。

（5）PVC 电线管制造厂应具有消防认可的使用许可证。

⑥ PVC 电线管操作注意事项

（1）使用 PVC 电线管，弯曲时，管内应穿入专用弹簧。试验时，把管子弯成 90°，弯曲半径为 3 倍管径，弯曲后外观应光滑。

弯曲 PVC 电线管经验指导：

1）弯曲应慢慢进行，否则易损坏 PVC 电线管及其弯管弹簧。

2）弯管弹簧未取出之前，不要用力使 PVC 电线管恢复，以防损坏弹簧。

3）弯管弹簧不易取出时，可一边逆时针旋转弹簧，一边向外拉出弹簧。

4）当 PVC 电线管较长时，可在弹簧上系上绳子。

5）寒冷天气施工时，可将 PVC 电线管弯曲处适当升温。

（2）PVC 电线管超过下列长度时，其中间应装设分线盒或放大管径：

1）管子全长超过 20m，无弯曲时。

2）管子全长超过 14m，只有一个弯曲时。

3）管子全长超过 8m，有两个弯曲时。

4）管子全长超过 5m，有三个弯曲时。

（3）预埋 PVC 电线管时，禁止用钳将管口夹扁、拗弯，应用符合管径的 PVC 塞头封盖管口，并用胶布绑扎牢固。

（4）线路有接头必须在接头处留暗盒扣面板，日后更换和维修都方便。

（5）在铺设 PVC 电线管时、电线的总线截面积不能超出 PVC 电线管内径的 40%。

（6）不同电压等级、不同信号的电线不能穿在一根PVC电线管内，以避免相互干扰。

7.2.2　电线的性能及选用

1　电线分类

（1）塑铜线。塑铜线一般配合电线管一起使用，多用于建筑装修电气施工中的隐蔽工程，如图7-2所示。为区别不同线路的零线、相线、地线，设计有不同的表面颜色，一般多以红线代表"相"线，双色线代表"地"线，蓝线代表"零"线。但由于不同场合的施工和不同的条件要求，颜色的区分也不尽相同。

（2）护套线。如图7-3所示，护套线是一种双层绝缘外皮的电线，可用于露在墙体之外的明线施工。由于它有双层护套，使它的绝缘性能和防破损性能大大提高，但是散热性能相对塑铜线有所降低，所以不提倡将多路护套线捆扎在一起使用，那样会大大降低它的散热能力，时间过长会使电线老化。

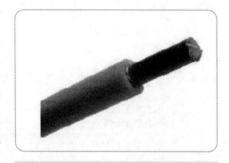

图7-2　塑铜线

（3）橡套线。橡套线又称水线，是可以浸泡在水中使用的电线，如图7-4所示。它的外层是一种工业用绝缘橡胶，可以起到良好的绝缘和防水作用。

图7-3　护套线

图7-4　橡套线

家装常用电线种类：

　　1）绝缘电线——用于一般动力线路和照明线路，例如型号为BLV-500-25的电线。

　　2）耐热电线——用于温度较高的场所，供交流500V以下、直流1000V以下的电工仪表、电信设备、电力及照明配线用，例如型号为BV-105的电线。

　　3）屏蔽电线——供交流250V以下的电器、仪表、电信电子设备及自动化设备屏蔽线路用，例如型号为RVP的铜芯塑料绝缘屏蔽软线。

② 电线型号、名称及规格

家装常用电线型号、名称及规格见表 7-4。

表 7-4　　　　　　　　　　　家装常用电线型号、名称及规格

型号	名称	额定电压（V）	芯数	规格范围（mm²）
BV	铜芯聚氯乙烯绝缘电缆（电线）	300/500	1	0.5～1
		450/750	1	1.5～400
BLV	铝芯聚氯乙烯绝缘电缆（电线）	450/750	1	2.5～400
BVR	铜芯聚氯乙烯绝缘软电缆（电线）	450/750	1	2.5～70
BVV	铜芯聚氯乙烯绝缘聚氯乙烯护套圆形电缆	300/500	1	0.75～10
			2、3、4、5	1.5～35
BLVV	铝芯聚氯乙烯绝缘聚氯乙烯护套圆形电缆	300/500	1	2.5～10
BVVB	铜芯聚氯乙烯绝缘聚氯乙烯护套扁形电缆（电线）	300/500	2、3	0.75～10
BLVVB	铝芯聚氯乙烯绝缘聚氯乙烯护套平形电线	300/500	2、3	2.5～10
BV-105	铜芯耐热105℃聚氯乙烯绝缘电线	450/750	1	0.5～6
RV	铜芯聚氯乙烯绝缘连接软电缆（电线）	300/500	1	0.3～0.1
		450/450		1.5～70
RVB	铜芯聚氯乙烯绝缘平行连接软电缆（电线）	300/300	2	0.3～1
RVS	铜芯聚氯乙烯绝缘绞型连接软电缆（电线）	300/300	3	0.3～0.75
RV-105	铜芯耐热105℃聚氯乙烯绝缘连接软电线	450/750	1	0.5～6
RVV-105	铜芯耐热105℃聚氯乙烯绝缘和护套软电线	300/300	2、3	0.5～0.75
		300/500	2、3、4、5	0.75～2.5

注　阻燃型电线型号和阻燃标志"ZR"。

③ 电线的选择

（1）材质选用。如果装修的是旧房，原有的铝线一定要更换成铜线，因为铝线极易氧化，使接头打火。据调查，使用铝线的电气火灾的发生率为铜线的几十倍。如果只更换开关和插座，那么会为住户今后的用电埋下安全隐患。

家装电线的基本规格：

家装中使用的电线一般为单股铜芯线，也可以选用多股铜芯线，比较方便穿线。铜芯线的截面积主要有 4 个规格，即 1、1.5、2.5mm² 和 4mm²。1mm² 铜芯线最大可承受 5～8A 电流。1.5mm² 铜芯线一般用于灯具和开关线，电路中地线一般也用。2.5mm² 铜芯线一般用于插座线和部分支线。4mm² 铜芯线用于电路主线和空调器、电热水器等的专用线。

（2）电线截面积选择的原则。

1）按允许电压损失选择。电压损失必须在允许范围内，不能大于5％，以保证供电质量。

2）按发热条件选择。发热系数应在允许范围内，不能因过热导致绝缘损坏，影响使用寿命。

3）按机械强度选择。保证有一定的机械强度，保证在正常使用下不会断线。

（3）电线选择的主要内容。

BV绝缘电线明敷及穿管持续载流量见表7-5，BX绝缘电线明敷及穿管持续载流量见表7-6。

表7-5 BV绝缘电线明敷及穿管持续载流量

环境温度（℃）	30	35	40	30				35				40			
电线根数	1	1	1	2～4	5～8	9～12	＞12	2～4	5～8	9～12	＞12	2～4	5～8	9～12	＞12
标称截面积（mm²）	明敷载流量（A）			电线穿管载流量（A）											
1.5	23	22	20	3	9	8	7	12	9	7	6	11	8	7	6
2.5	31	29	27	17	13	11	10	16	12	10	9	15	11	9	8
4	41	39	36	24	18	15	13	22	17	14	12	21	15	13	11
6	53	50	46	31	23	19	17	29	21	18	16	30	20	16	15
10	74	69	64	44	33	28	25	41	31	26	23	38	29	24	21
16	99	93	86	60	45	38	34	57	42	35	32	52	39	32	29

表7-6 BX绝缘电线明敷及穿管持续载流量

环境温度（℃）	30	35	40	30				35				40			
电线根数	1	1	1	2～4	5～8	9～12	＞12	2～4	5～8	9～12	＞12	2～4	5～8	9～12	＞12
标称截面积（mm²）	明敷载流量（A）			电线穿管载流量（A）											
1.5	24	22	20	13	9	8	7	12	9	7	6	11	8	7	6
2.5	31	28	26	17	13	11	10	16	12	10	9	15	11	9	8
4	41	38	35	23	17	15	13	21	16	13	12	20	15	12	11
6	53	49	45	29	22	18	16	28	21	17	15	25	19	16	15
10	73	68	62	43	32	27	24	40	40	25	22	37	27	23	20
16	98	90	83	58	44	36	33	53	55	33	30	49	37	31	28

（4）电线的截面积选择。电线的截面积选择与所在支路的开关有关，开关的电流整定值小于电线的载流量时才能起到保护作用，否则过负荷时会出现电线过热甚至绝缘破坏而开关却不跳闸，造成安全事故。

当开关的电流整定值为16A时，应采用截面积不小于2.5mm²的铜线。绝对不能随意减小电线截面积或将铜线改为同截面积的铝线，绝对不能为了不跳闸而随便将开关的电流整定值加大。

理论计算举例：2.5mm^2 BVV 铜电线安全载流量的推荐值为 $2.5\text{mm}^2 \times (5\sim 8)\text{A/mm}^2 = 12.5\sim 20\text{A}$，$4\text{mm}^2$ BVV 铜电线安全载流量的推荐值为 $4\text{mm}^2 \times (5\sim 8)\text{A/mm}^2 = 20\sim 32\text{A}$。

计算铜电线截面积时，可利用铜电线安全载流量的推荐值为 $5\sim 8\text{A/mm}^2$，计算出所选取铜电线截面积 S 的上下范围：

$$S \leqslant I/(5\sim 8)$$
$$S \geqslant 0.125I \sim 0.2I$$

式中　S——铜电线截面积 mm^2；

　　　I——负荷电流，A。

负荷（如白炽灯、荧光灯、电冰箱等）分为两种，一种是电阻性负荷，一种是电感性负荷。对于电阻性负荷功率的计算公式为

$$P = UI$$

对于荧光灯负荷功率的计算公式为

$$P = UI\cos\phi$$

式中，荧光灯负荷的功率因数为 0.5。

不同电感性负荷功率因数不同，统一计算家庭用电器时可以将功率因数 $\cos\phi$ 取 0.8。也就是说如果一个家庭所有用电器加上总功率为 6000W，则最大电流是

$$I = P/(U\cos\phi) = 6000/(220 \times 0.8) = 34(\text{A})$$

但是，在一般情况下，家中的电器不可能同时使用，所以加上一个同时系数 K，K 一般为 0.5。所以，上面的计算应该改写成：

$$I = PK/(U\cos\phi) = 6000 \times 0.5/(220 \times 0.8) = 17(\text{A})$$

也就是说，这个家庭总的电流值为 17A。则总开关不能使用 16A，应该使用大于 17A 的。

电工家装电线安全规范提示：

国家住宅设计规范中规定分支回路截面积不小于 2.5mm^2。空调器等大功率电器应单独敷设电线截面积为 4mm^2 的线路；考虑到厨房及卫生间电器种类、功率及安全性，厨房和卫生间也应单独敷设电线截面积为 4mm^2 的线路。

（5）电线颜色的选择。在国内，家庭用电绝大多数为单相进户，进每个家庭的线为三根：相线、中性线和接地线。电线颜色的相关规定见表 7-7。

表 7-7　　　　　　　　　　电线颜色的相关规定

类别	颜色标志	线别	备注
一般用途电线	黄色 绿色 红色 浅蓝色	相线 L1 相 相线 L2 相 相线 L3 相 零线或中性线	A 相 B 相 C 相

续表

类别	颜色标志	线别	备注
保护接地（接零）	绿/黄双色	保护接地（接零） 中性线（保护接零）	颜色组合 3：7
中性线（保护接零）	红色 浅蓝色	相线 零线	
两芯（供单相电源用）	红色 浅蓝色（或白色） 绿/黄色或黑色	相线 零线 保护接零	
三芯（供三相电源用）	黄色、绿色、红色	相线	无零线
四芯（供三相四线制电源用）	黄色、绿色、红色 浅蓝色	相线 零线	

在家装电气施工中电线颜色的经验指导：

　　1）相线可使用黄色、绿色或红色中任一种颜色的电线，但不允许使用黑色、白色或绿/黄双色的电线。

　　2）零线可使用黑色电线，没有黑色电线时可用白色电线，但零线不允许使用红色电线。

　　3）保护零线应使用绿/黄双色的电线，如无此种颜色电线，也可用黑色的电线。但这时零线应使用浅蓝色或白色的电线，以便两者有明显的区别。保护零线不允许使用除绿/黄双色线和黑色线以外的其他颜色的电线。

 7.3　布管、布线要求及工艺

7.3.1　布管、布线前准备

1 施工前检查及测试

（1）配电箱检查和测试。查看配电箱内的电能表、进线和出线开关，目前应用于住宅的电能表有 5（20）、5（30）A 和 10（40）A 等，按负荷功率因数为 0.85 计算，分别可带 3.7、5.6kW 和 7.5kW 负载。进线断路器的整定值决定了住户最大用电负荷，若装有上述容量的电能表，其相应进线断路器整定值分别为 20、32A 和 40A 时，才能带动上述负荷。当负荷超过时，进线断路器跳闸。同样，当断路器电流整定值为 16A 时，如果负荷超过 3 kW，也会出现跳闸断电，所以不能将大容量用电负荷集中装于一条支路上。出线回路的数量也很重要，在照明、插座和空调三个支路的基础上，当住户家用电器较多时，增加厨房、电热水器等支路也是必要的。除空调器外的插座支路应装有漏电保护装置，用于住宅的漏电开关动作电流为 30mA，动作时间为 0.1s，是为了保证人身安全而设的。

检查原电路是否有漏电保护装置，电源分几个回路供电，分别是什么回路，是否有地线，电路总负荷是多少。

配电箱测试流程：

1）打开箱盖。用十字螺钉旋具（一字螺钉旋具）拧出固定配电箱箱盖的螺钉，将箱盖置于稳妥的地方。为防止螺钉丢失，宜将其拧在原来的丝扣上。

2）查看、试验。原电路总负荷是多少，进线电线的线径是多大，是三相五线制还是单相三线制，电源分几个回路，分别是什么回路，是否有地线，且地线接触是否良好，原有线路的老化程度等。

3）若原电路有漏电保护器，在通电状态下按动试验按钮，检查漏电保护器动作是否可靠，同时试验其他自动开关，看其是否灵活、正常。

4）摇测绝缘。断开总开关，用绝缘电阻表摇测各线对地电阻，以及线与线间的绝缘电阻，看各线路的绝缘是否正常。

5）装上箱盖。确认各项检测正常，装上箱盖。

（2）线路测试。住宅的电气线路一般为穿电线管暗敷设，其线路走向和畅通的状况，不能直接从外观看出，因此应对线路进行测试。电线管在暗敷设过程中被压扁或堵死，电线无法穿过，造成局部电路不通；家中插座不少，电能表容量不小，可大容量用电器一开就断电，设计中对支路虽有明确的划分，但施工中可能没有按图施工或将住户空调器、电热水器等用电量大的电器都装于同一支路；更重要的是用电安全，如果把移动电器（如电吹风、电熨斗）或潮湿场所的电器（如电热水器）接于无漏电保护的支路上，就会留下安全隐患。

❷ 定位准备

要求业主提供原有强电布置图、相关电路、电器图样与资料，并认真阅读审查。以下几个方面的图样与定位相关：

（1）平面布置图。平面布置图是对功能的定位，它包括开关、插座等。

（2）天花板布置图。天花板布置图对于电工来说，主要确定灯的位置、安装场合，灯的类型，安装高度。

（3）家具、背景立面图。一般来说，家具中酒柜、装饰柜、书柜安装灯具可能性较大，且大多数为射灯。

（4）电气设备示意图。该图的作用是对灯具、开关、电器插座进行定位。但该图仅作参考，具体定位以实际为准。

（5）橱柜图样。橱柜图样主要是立面图，它的作用是对厨房电器（如消毒柜、微波炉、抽油烟机、电冰箱等）进行定位。

结合图样与业主进行交流、沟通，询问下列电器的功率及安装位置：

1）热水器、饮水机、空调器、计算机、电视机、音响、洗衣机、餐厅电火锅、客厅或娱乐室的电热器等的位置。

2）楼上、楼下、卧室、过道等灯具是否双控或多点控制。

3）对顶面、墙面以及柜内的灯具的位置、控制方式和业主进行沟通。

（6）电工电料及辅助材料计划见表7-8。根据施工图编制开关、插座及辅料计划，灯具计划应和业主充分沟通，如有特殊情况应充分说明。开关、插座及辅料计划见表7-9。

表 7 - 8   电工材料及辅助材料计划表

材料	数量及规格	品牌	相关说明
1.5mm² 线	红色/圈/m		
	蓝色/圈/m		
	黄色/圈/m		
	绿色/圈/m		
	黑色/圈/m		
2.5mm² 线	红色/圈/m		
	蓝色/圈/m		
	双色/圈/m		
4mm² 线	红色/圈/m		
	蓝色/圈/m		～
	双色/圈/m		
6mm² 线	红色/圈/m		
	蓝色/圈/m		
	双色/圈/m		
φ16 直通	个		
φ20 直通	个		
φ16 锁扣	个		
φ20 锁扣	个		
φ16 线卡	个		
φ20 线卡	个		
φ16 三通底盒	个		
φ20 三通底盒	个		
φ16 四通底盒	个		
φ20 四通底盒	个		
φ16 阻燃冷弯电线管	m		
φ20 阻燃冷弯电线管	m		
φ6 黄蜡套管	根		
φ8 黄蜡套管	根		
φ10 黄蜡套管	根		

续表

材料	数量及规格	品牌	相关说明
ϕ12 黄蜡套管	根		
绝缘布胶带	圈		
防水胶带	圈		
单联底盒	个		
双联底盒	个		
明装底盒	个		
底盒	个		

表 7 - 9　　　　　　　　　　　　开关、插座及辅料计划表

名称	数量	型号及规格
单联开关	个	
双联开关	个	
三联开关	个	
单联双控开关	个	
双联双控开关	个	
三联双控开关	个	
多点控制开关	个	
五孔插座	个	
单开五孔插座	个	
空调插座	个	
86 盖板	个	
146 盖板	个	
塑料膨胀管	个	ϕ6mm
塑料膨胀管	个	ϕ8mm
开关面板螺钉	个	ϕ4mm×4.5cm
自攻螺钉	个	ϕ4mm×4cm
膨胀螺钉	个	ϕ6mm×5cm
膨胀螺钉	个	ϕ12mm×8cm
膨胀螺钉	个	ϕ14mm×8cm

7.3.2　布线方式及定位

❶　布线方式

（1）顶棚布线。布线主要走顶棚上，这种布线方式最有利于保护电线，是最方便施工的方式。电线管主要隐蔽在装饰面材或者天花板中，不必承受压力，不用打槽，布线速

度快。

缺点：就是家中需要走线的地方需要有天花板或者装饰面材才能实现这种布线方式。

（2）墙壁布线。布线主要走墙壁，这种布线方式的优点是电线管本身不需要承重，它的承重点在管子后面的水泥上。

缺点：一是线路较长；二是墙壁上有大量的区域以后不能钉东西；三是如果水泥工和漆工不能处理好墙面的开槽处，那么将来有槽的地方一定会出现裂纹。这种布线方式主要作为顶上和地上的补充。

（3）地面布线。布线主要走地上，这种布线方式的缺点是，必须使用较为优良的穿电线管，因为地上的穿电线管将要承受人体和家具的重量（管子表面上那层水泥并不能完全承重，因为它不完全是一个拱桥的形式，管子其实和水泥是一体的，所以必须自身要承担一定重量）。

优点：对于家庭装修的环境没有特殊要求，不需要天花板和装饰面材。

❷ 定位

（1）精准、全面、一次到位。

（2）厨房线路定位应全面参照橱柜图样，整体浴室的定位应结合浴室设备完成。

（3）电视机插座及相关定位，应考虑电视机柜的高度，以及业主所有电视机的类型。

（4）客厅花灯的灯泡数量较多，应询问业主是否采取分组控制。

（5）空调器定位时，应考虑是单相还是三相。

（6）热水器定位时，一定要明确所采用的具体类型。

定位协商：询问业主床头开关插座是装在床头柜上、柜边还是柜后；询问业主是否有音响，如有，则明确音响的类型、安装方位，是前置、中置还是后置，是壁挂还是落地以及是否由厂家布线等。确定线路终端插座、开关、面板的位置，在墙面标画出准确的位置和尺寸。

用彩色粉笔（不用红色）记录时，字迹要清晰、醒目，文字必须写在不开槽的地方，粉笔颜色应一致。

施工图现场定位经验指导：

1）根据施工图或与业主确定的布线方案要求，确定盒、箱轴线位置，以土建标出的水平线为基准，标出盒箱的实际安装位置。若没有施工图，则根据草拟的布线图画线。确定线路终端插座、开关、面板的位置，在墙面标画出准确的位置和尺寸。

2）电气线路与煤气管、热水管间距宜大于 500mm，与其他管路宜大于 100mm。同一房间的开关插座如无特殊要求，应安装在同一标高，同一地方的成排开关插座顶标高相同。为了便于施工穿线，电线管应尽量沿最短线路敷设，并减少弯曲。当电线管敷设长度超过有关规定时，应在线路中间装设分底盒。电源插座底边距地面宜为 300mm，平开关板底边距地面宜为 1300mm，同一室内的插座面板应在同一水平标高上，高差应小于 5mm。

7.3.3 开槽技术要求及工艺

❶ 开槽技术要求

(1) 确定开槽路线。确定开槽路线应根据以下原则：

1) 路线最短原则。

2) 不破坏原有电线管原则。

3) 不破坏防水原则。

(2) 确定开槽宽度。根据电线根数、规格确定 PVC 电线管的型号、规格及根数，进而确定槽的宽度。

(3) 确定开槽深度。若选用 ϕ16mm 的 PVC 电线管，则开槽深度为 20mm；若选用 ϕ20mm 的 PVC 电线管，则开槽深度为 25mm。

(4) 线槽测量及外观要求。

1) 线槽测量：暗盒、槽独立计算，所以线槽按开槽起点到线槽终点测量。如果放两根电线管，应按两倍以上来计算开槽宽度。

2) 线槽外观要求：横平竖直，大小均匀。

❷ 开槽工具及工艺流程

(1) 开槽工具与器材准备。

随用工具：手锤、尖錾子、扁錾子、电锤、切割机、开凿机、墨斗、卷尺、水平尺、平水管、铅笔、灰铲、灰桶、水桶、手套、防尘罩、风帽、垃圾袋等。

(2) 开槽工艺流程。

1) 弹线。首先要根据用电器及控制电器位置进行线路定位。

定位电器：开关位置、插座位置、灯具位置等，再根据线路走向弹墨线，所弹线必须横平竖直且清晰，如图 7-5 所示。根据所注明的回路选择电线及电线管，计算出开槽的宽度和深度，所开槽必须横平竖直，强电与弱电开槽距离必须≥500mm。

图 7-5 电线管开槽图

2) 开槽。

开槽操作：可直接用凿子凿，也可用切割机、开凿机、电锤。用切割机、开槽机切到相应深度，然后用电锤或用锤子修凿到相应深度，允许把边凿毛。开槽深度应一致，一般槽深为 PVC 电线管直径+10mm。

开槽相关标准和要求提示：

① 所开线槽必须横平竖直。

② 砖墙开槽深度为电线管径+12mm。

③ 同一槽内有两根以上电线管时，电线管与电线管之间必须有≥15mm 的间缝。

④ 顶棚是空心板的，严禁横向开槽。

⑤ 混凝土上不宜开槽，若开槽不能伤及钢筋结构。

⑥ 开槽应遵循就近及开槽原则。

⑦ 开槽次序宜先地面后顶面，再墙面；同一房间、同一线路宜一次开到位。

开槽打洞时应避免用力过猛，造成洞口或槽剔得过大、过宽，以免造成墙壁面周围破碎，甚至影响土建结构质量。沙灰墙体走线时，一定要用开槽机开槽，否则线槽周围由于电锤的振动，易产生空鼓、开裂等问题。墙立面的开槽要求用切割机将建筑物表面的抹灰层，按照略大于布管的直径切割线槽（严禁将承重墙体和受力钢筋切断以及在墙上横向开槽）。墙槽高度应根据用电设备而定，开槽时不要把原电线管破坏，所有线路开槽横平竖直，电线管敷设低于墙面 5mm。

（3）清理。确认所开线槽完毕后，及时清理，清理时应洒水防尘。

（4）开槽规范工艺。

1）根据定位和线路走向弹好线后，用切割机沿着弹线双面切割，槽的深度要和管材的直径匹配，不允许开横槽，因为会影响墙的承受力。

2）在开槽时尽量避免影响槽边的墙面，以免造成空鼓，留下隐患。

3）沿走向线凿去砂浆层与砖角以形成线槽。为避免崩裂，以多次斜凿加深为宜。混凝土结构部位开槽时，开槽深度以可埋下 PVC 电线管为标准，深度不易过深，以免切断结构层的钢筋，对结构层强度造成破坏。

4）开槽时在 90°角的地方应切去内角，以便电线管铺设。

5）线槽尽可能保持宽度一致，转弯处应以圆弧连接。

6）在槽底以冲击钻钻孔，以便敲入木橛，以固定电线管，木橛顶部应与槽底平齐。

不规范的开槽施工，通常不使用切割机切割（甚至不用弹线），直接在墙面凿槽。这样施工，容易造成槽边的墙面松动和空鼓，会导致槽面破损度加大，增加封槽的难度。在混凝土墙面（剪力墙）开槽时不考虑深度，会对结构层强度产生影响。

开槽工艺须知：

① 槽不要开得过深、过宽，影响墙体的强度。槽的深度只要达到电线保护管与墙砖面齐平即可。

② 家庭装潢时，砖墙上通常已有水泥砂浆抹面。在采用 PVC 电线管时，电线管埋入后应用强度不小于 M10 的水泥砂浆抹面保护，其目的是防止在墙面上钉入铁钉等物件时，损坏墙内的电线保护管。在砖墙内敷设管子时应注意不要过分损伤墙的强度，尤其是三孔砖。

7.3.4 预埋底盒要求及工艺

① 底盒预埋工具及工艺流程

随用工具：卷尺、水平尺、平水管、铅笔、钢丝钳、小平头烫子、灰铲、灰桶、水桶、手套、底盒、锁扣、水泥、沙子等。

工艺流程：弹线、定位→底盒安装前的处理→湿水→底盒的稳固→清理。

(1) 弹线、定位。以开关的高度为基准，在装底盒的每个墙面弹一水平线，以该水平线为基准，向上或下确定插座、开关等高度。

弹线、定位操作经验指导：根据图样上开关、插座的具体位置，用事先准备好的插座外盒框画出一个大致的框架，这个工具对定位的整齐很有帮助。测量垂直方向上的电线管的走向距离墙边的距离。在墙角测出同样宽度的位置。

底盒预埋施工经验提示：

1) 画框线。根据需要在墙面的合适处画出预埋位置，并比照底盒大小（四周放大 2～3mm），画出开凿范围框线（两个装盖孔应保持水平）。

2) 凿框线。以平口凿沿框线垂直凿出深沟，然后从框内向框外斜凿去砖角，反复进行，并注意不得崩裂框线。

3) 凿穴孔。将框内多余砖角凿去，直至深度略大于底盒高度，不得过浅或过深。

4) 修整穴孔。凿平穴孔四周与穴底，应大于底盒的外形尺寸，以放入底盒端正、适合为宜。对于装在护墙板内的底盒，其盒口应靠近护墙板，便于面板固定。

---

(2) 底盒安装前处理。将对应的敲落孔敲去，并装上锁扣；底盒后面的小孔，必须用纸团堵住。装正底盒，敲去安装孔盖，对准线槽，并使装盖面稍稍伸出砖砌面，且低于粉刷面 3～5mm。

(3) 湿水。用水将安装底盒的洞湿透，并将洞中杂物清理干净。

(4) 底盒的稳固。

稳固施工经验指导：用 1：3 水泥砂浆将底盒稳入洞中，并确保其平正，且与墙面相平。调整位置后，在底盒的周围填上混凝土，待混凝土完全干固后，方可布管。对于预埋盒应先注入适量的水泥浆，再用线锤找正坐标再固定稳埋，然后用水泥砂浆将盒周围的缝隙填实。暗装盒口应与墙面平齐，不出现凹凸墙面的现象。预留的暗盒贴面与墙面的缝隙应用水泥砂浆将盒四周填实抹平，盒子收口平整。若墙厚度较薄，盒底厚度与墙厚度相差无几，盒底抹灰处开裂，在盒底处加金属网固定后，再抹灰找平齐。

(5) 清理。将刚稳固的底盒及锁扣里的水泥砂浆及时清理干净。

② 底盒安装

(1) 进门开关底盒边距地面 1.2～1.4m，侧边距门套线必须≥70mm，距门口边为 150～200mm，开关不得置于单扇门后，并列安装相同型号开关距水平地面高度相差≤1mm，特殊位置（床头开关等）的开关应按业主要求进行安装，同一水平线的开关≤5mm。开关、插座应采用专用底盒，四周不应有空隙，盖板必须端正、牢固。

（2）底盒安装时，开口面必须与墙面平整牢固且方正，不凸出墙面，如图7-6所示。底盒安装好以后，必须用钉子或者水泥砂浆固定在墙内。

（3）在贴瓷砖的地方，应尽量装在瓷砖正中，不得装在腰线和花砖上，一个底盒不能装在两块、四块瓷砖上。

（4）并列安装的底盒与底盒之间，应留有缝隙，一般情况为4～5mm。底盒必须平面垂直，同一室内底盒必须安装在同一水平线上。

（5）开关、插座要避开造型墙面，非要不可的尽量安装在不显眼的地方。底盒尽量不要装在混凝土上，非要不可的地方，若遇到钢筋，标准型底盒装不进，则必须将底盒锯掉一部分或明装。

图7-6　连体底盒安装

（6）如底盒装在石膏板上，则需用至少两根20mm×40mm木方，将其稳固于龙骨架上。

（7）地面插座盒预埋时应将盒口高出毛地坪1.5～2cm，以便于后期施工时依靠地插座本身可调余量与地面找平。

（8）为使底盒的位置正确，应该先固定底盒再布管。

❸　底盒安装常见的缺陷

（1）底盒安装标高不一致，底盒开孔不整齐，安装电器后底盒内脏物未清除。

（2）预埋的底盒有歪斜。

（3）暗底盒有凹进、凸出墙面现象。

（4）底盒破口，坐标超出允许偏差值。

以上缺陷产生的原因有：安装底盒时未参照土建施工预放的统一水平线控制标高，施工时未计划好进入底盒电线管的数量及方向，安装电器时没有清除残存底盒内的脏污和灰砂。

❹　底盒缺陷处理

（1）严格按照室内地面标高确定底盒标高。对于预埋底盒应先用线坠找正，坐标正确再固定；暗装底盒口应与墙面平齐，不出现凹凸墙面的现象。

（2）用水泥砂浆将底盒底部四周填实抹平，底盒收口应平整。

（3）穿线前，先将底盒内灰渣清除，以保证底盒内干净。

（4）穿线后，用接线盒的盒盖将盒子临时盖好，盒盖周边要小于开关面板或灯具底座，但应大于盒子。待土建装修面完成后，再拆除盒盖安装电器、灯具，这样可以保持盒内干净。

7.3.5　布管技术要求及工艺

① 布管技术要求

在家装电气施工中，不允许将塑料绝缘电线直接埋在水泥或石灰粉层内做暗线敷设。因埋在水泥或石灰粉层内的电线绝缘层易损坏，造成大面积漏电，危及人身安全。家装电气配线应采用硬质阻燃 PVC 电线管。

实用举例：直径 20mm 的 PVC 电线管只能穿 $1.5mm^2$ 截面积电线 5 根，$2.5mm^2$ 截面积电线 4 根。电线与燃气管道距离不能超过标准规定的允许范围；按照标准规定在布管的每个施工阶段结束后，都要进行质量验收，并应作好验收记录。

布管经验指导：PVC 电线管不应有折扁、裂缝，管内无杂物，切断口应平整，管口应刮光。PVC 电线管的连接采用胶水粘接，牢固严密，并在管口塞上 PVC 电线管塞，防止杂物进入管内。布管时要注意每根电缆管弯头不宜超过 3 个，直角弯不宜超过 2 个。管路超过一定长度，应加装底盒，其底盒位置应便于穿线。布管要尽量减少转弯，沿最短路径，需综合考虑确定合理管路敷设部位和走向，确定盒箱的正确位置。

② 管径选择

电线保护管的管径选择依据是管内电线（包括绝缘层）的总截面积不应大于管内截面积的 40％。BV 塑铜线穿 PVC 电线管时的管径选择见表 7 - 10。

表 7 - 10　　　　　　BV 塑铜线穿 PVC 电线管时的管径选择

管径（mm）		电线截面积（mm²）					
		1	1.5	2.5	4	6	10
电线根数	2	16	16	16	16	16	20
	3	16	16	16	16	16	25
	4	16	16	16	20	20	25
电线根数	5	16	16	16	20	20	32
	6	16	16	20	20	25	32
	7	16	16	20	20	25	32
	8	16	20	20	25	25	32
	9	16	20	20	25	25	40
	10	16	20	20	25	32	40
	11	16	20	20	25	32	40
	12	16	20	20	25	32	40

③ 布管工具及工艺流程

（1）布管工具。应准备的布管工具和器材有钢丝钳、电工刀（墙纸刀）、弯管器、剪切器、锤子、阻燃冷弯电线槽管、电线、线卡、电线管、黄蜡套管、人字梯等。

（2）工艺流程。

1）加工管弯。预制管弯可采用冷煨法和热煨法。阻燃电线管敷设与煨弯对环境温度的要求如下：阻燃电线管及其配件的敷设、安装和煨弯制作，均应在原材料规定的允许环境温度下进行，其温度不宜低于－15℃。

加工管弯经验指导：

　　① 冷煨法：管径在 25mm 及其以下可以用冷煨法。弯管前，管内应穿入弯管弹簧，弯管弹簧有四种规格：16、20、25、32mm，分别适用于相应的电线管弯管用。弯管弹簧内穿入一根绳子，绳子与弹簧两端的圆环打结连接后留有一定的长度，用绳子牵动弹簧，使其在电线管内移动到需要弯曲的位置。弯曲时用膝盖顶住电线管需弯曲处，用双手握住电线管的两端，慢慢使其弯曲，如果速度过快，易损坏管子及其电线管内的弹簧。弯曲后，一边拉露在管子外拴弹簧的绳子，一边按逆时针方向转动电线管，将弹簧拉出。弹簧出现松股后不能使用，否则在电线管的弯曲处会出现折皱。当弯曲较长的管子时，可将弯管弹簧用镀锌铁丝拴牢，以便拉出弯管弹簧。

　　② 热煨法：用电炉、热风机等加热均匀，烘烤电线管弯处，待管子被加热到可随意弯曲时，立即将管子放在木板上，固定管子一头，逐步煨出所需管弯度并用湿布抹擦使弯曲部位冷却定型。然后抽出弯管弹簧。不得使电线管出现烤伤、变色、破裂等现象。采用与管径不匹配的弯管器进行弯管，会导致管体变形、起皱、弯曲不自然，造成电线无法抽动，难以更换。不规范的弯管施工将导致电线管煨弯处变形、起皱。

2）布管。

电线管切割宜用专用割刀，亦可用钢锯锯断。PVC电线管厂提供的割刀，可以切割 16～40mm 的圆管。用割刀切割管子时，先打开手柄，把管子放入刀口内，握紧手柄，棘轮锁住刀口；松开手柄后再握紧，直到管子被切断。用专用割刀切割管子，管口光滑。若用钢锯切割，管口处应加以光洁处理后再进行下一道工序。小管径可使用割管器，大管径可使用钢锯锯断管，断口应挫平、铣光。当直线段长度超过 15m 或转弯超过 3 个时，必须增设底盒。

布管操作提示：暗管在墙体内严禁交叉，严禁未安装底盒时跳槽，严禁走斜道。在布线布管时，同一槽内电线管如超过 2 根，管与管之间要留≥15mm 的间缝。

3）固定。布管完毕，用线卡将其固定，如图 7-7 所示。

4）接头。管与管、管与箱（盒）连接。

① 管与管之间采用套管连接，套管长度宜为管外径的 1.5～3 倍，管与管的对口应位于套管中心。

② 管与器件连接时，插入深度为 2cm；管与底盒连接时，必须在管口套锁扣。

③ 盒、箱孔应整齐并与管径相吻合，管与盒箱的连接一般采用锁扣连接。进入配电箱、接线箱盒的电线管路，应排列整齐（一管一孔），插入与管外径相匹配的箱盒的敲

图 7 - 7　电线布管完工效果图

图 7 - 8　底盒与电线管连接

落孔内，管线要与箱盒壁垂直，再在箱盒内的管端采用锁扣固定。多根管线同时入箱盒时，注意入箱盒部分的管端长度一致，管口平齐。

规范的底盒与电线管连接如图 7 - 8 所示，电线管与底盒接头时必须采用锁扣，其目的是起到电线管与底盒固定的作用，在穿线时不容易造成挪位，同时也避免了对电线绝缘层的损伤。

安全提示：底盒与电线管接头不规范施工，电线管与底盒连接时不采用锁扣，容易造成错位。由于电线管的断截面比较锋利，穿线时容易划伤电线绝缘层。

5）整理。电线管的管口、管子连接处均应作密封处理，槽内的电线管离表面的净距离不应小于 15mm。电线管和箱盒连接后，应使箱盒端正、牢固。

（3）PVC 电线管的保护。在地面敷设的电线管施工完毕后，应在 PVC 电线管两侧放置木方，或用水泥砂浆制成护坡，以防止 PVC 电线管在施工中因工人来回走动而被踩破。

PVC 电线管线敷设常见的缺陷原因：

1）接口不严是因为接口处未加套。

2）电线管接口做得太短，又未涂黏合剂。

3）PVC 电线管煨弯时未加热或加热不均匀，造成电线管扁、凹、裂现象。

4）固定电线管的线卡间距过大，开槽未达到要求的深度或管径选择过大。

预防处理措施：

1) 购置 PVC 电线管时，必须同时购置相应的接头等附件，以及适应不同管径的冷弯弹簧，以备煨弯时使用。

2) 管与管连接一定要用接头并涂黏合剂，管与盒连接应用螺接并涂黏合剂。

3) 煨弯时，使用与管径匹配的冷弯弹簧，必要时可将煨弯处局部均匀加热，均匀用力，弯成所需弧度，以防出现扁、凹、裂现象。

4) 长距离的电线管尽量用整管；电线管如果需要连接，要用接头，接头和管要用胶粘好。当布线长度超过 15m 或中间有 3 个弯曲时，在中间应该加装一个底盒，否则在穿线或拆线时，因太长或弯曲多，使穿线或拆线困难。

5) 按标准要求的间距用线卡固定电线管，选择电线管的管径应规范，并应根据电线管的管径进行开槽。

7.3.6 电线管穿带线及穿电线工艺

❶ 电线管穿带线工艺

（1）穿带线前应检查管路是否畅通，管路的走向及盒、箱的位置是否符合设计及施工图的要求；带线采用直径 $\phi 1.2 \sim \phi 2.0$mm 镀锌铁丝或钢丝，带线应顺直无背扣、扭结等现象，并有相应的机械拉力。

管内穿带线操作指导：先将钢丝的一端弯成不封口的圆圈，以防止在管内遇到管接头时被卡住，再利用穿线器将带线穿入管路内，在管路的两端应留有 200～250mm 的余量。当穿带线受阻时，可用两根钢丝分别穿入管路的两端，可采取两头对穿的方法，具体做法是一人转动一根钢丝，感觉两钢丝相碰时则反向转动，待绞合在一起，则一拉一送，将带线拉出。当管路较长和转弯处较多时，可在敷设管路前穿好带线，并留有 20cm 的余量后，将两端的带线盘入盒内或缠绕在管头上固定好，防止被其他人员随便拉出。

（2）清扫管路。清扫管路的目的是清除管路中的灰尘、泥水等杂物。

清扫管路经验指导：将布条的两端牢固地绑扎在带线上，两人来回拉动带线，将管内的浮锈、灰尘、泥水等杂物清除干净。

（3）电线管带护口。在电线管清扫后，根据电线管的直径选择相应规格的护口，将护口套入管口上。在电线管穿线前，检查各个管口的护口是否齐全，如有遗漏或破损均应补齐或更换。

❷ 电线管穿电线工艺

（1）对电线的材料要求。电线的规格、型号必须符合设计要求，并应有出厂合格证、"CCC"认证标志和认证证书复印件及生产许可证。电线进场时要检验其规格、型号、外观质量及电线上的标识，并用卡尺检验电线直径是否符合国家标准。配线的布置及其电线型号、规格应符合设计规定。

管路穿电线经验指导：在配线工程施工中，当无设计规定时，电线最小截面积应满足机械强度的要求。所用电线的额定电压应大于敷设线路的工作电压，电线的绝缘应符合线路的安装方式和敷设环境条件。低压电线的线间和线对地间的绝缘电阻值必须大于 0.5MΩ。

（2）电线与带线的绑扎。当电线根数为 2～3 根时，可将电线前端的绝缘层剥去，然后将线芯直接与带线绑回头压实绑扎牢固，使绑扎处形成一个平滑的锥体过渡部位。

管路穿电线绑扎经验指导：当电线根数较多或电线截面积较大时，可将电线前端绝缘层削去，然后将线芯斜错排列在带线上，用绑线缠绕绑扎牢固，使绑扎接头处形成一个平滑的锥体过渡部位，以便于穿线。

（3）穿线及断线。

1）放线。放线前应根据设计图对电线的规格、型号进行核对，放线时电线应置于放线架或放线车上，不能将电线在地上随意拖拉，更不能野蛮使力，以防损坏绝缘层或拉断线芯。穿线需要两个人各在一端，一人慢慢地抽拉带线钢丝，另一人将电线慢慢地送入管内。

放线操作提示：如管线较长，弯头太多，应按规定设置底盒，但不可用油脂或石墨粉作为润滑剂，以防渗入线芯，造成电线短路。

2）断线。剪断电线时，电线的预留长度按以下情况予以考虑：底盒、开关盒、插座盒及灯头盒内电线的预留长度大于 150mm 且小于 250mm；配电箱内电线的预留长度为配电箱箱体周长的 1/2；干线在分支处，可不剪断电线而直接作分支接头，应根据实际长度留线。

3）穿线要求。电线管中的电线应一次穿入，穿入电线管内的电线应分色。为了保证安全和施工方便，在电线管出口处至配电箱、盘总开关的一段干线回路及各用电支路应按色标要求分色。

穿线须知：

1）管内配线必须按设计要求，选用相应的线径及配线的根数。不同回路、不同电压、交流与直流回路的电线不得穿入同一根管子内，但下列几种情况或设计有特殊规定的除外：照明花灯的所有回路，同类照明的几个回路，可穿于同一根管内，但管内电线总数不应多于 8 根。

2）电线在管内不得有接头和扭结，其接头应在接续底盒内连接。

3）管内电线包括绝缘层在内的总截面积不应大于管子内空截面积的 40%。

4）管口处应装设护口保护电线。

电线颜色提示：L1 相为黄色，L2 相为绿色，L3 相为红色，N（中性线）为淡蓝色，PE（保护线）为绿/黄双色。

凡进入底盒以及开关箱的线，线头均需用绝缘胶布缠好，用 φ16mm 的电线管卷圈，整齐地卷放入盒内。为了减少由于电线接头质量不好引起各种电气事故，电线敷设时，应尽量避免电线管内有接头，接头应在底盒（箱）内。为了防止火灾和触电等事故发生，在顶棚内由底盒引向器具的绝缘电线，应采用可挠金属电线保护管或金属软管等保护，电线不应有裸露部分。

穿线经验指导：

　　① 套管接线。先剪一段长 3～4cm 的热收缩管套在待接线的一端，将待接线头分别剥去 4～5cm，接好线头。

　　② 焊锡。用 50W 电烙铁将线头焊牢（用带松香芯的细焊锡丝），使其充分吸锡。

　　③ 加热收缩管。套上热收缩管，用电烙铁直接加热使其收缩。

7.3.7　封槽工艺

❶　封槽工具及工艺流程

封槽工具及材料：水平头烫子、木烫子、灰桶、灰铲、水泥、中砂、细砂、801 胶等。

封槽工艺流程：调制水泥砂浆→湿水→封槽。

❷　规范封槽施工

补槽之前必须核对：电气施工图，确认布管、布线正确，并和业主进行隐蔽工程验收，并要求业主签字、认可。

（1）补槽前必须确定电线管固定牢固，对松动的电线管必须使其稳固。

（2）补槽前在槽内喷洒一定量的水，必须将所封槽之处用水湿透，让槽内结构层充分吸收。

（3）用于墙面补槽的水泥砂浆比为 1∶3，随后用水泥砂浆抹平，用搓板搓光。

（4）顶棚的补槽，用 801 胶和水泥，并在其间掺入 30% 的细砂。

（5）补槽不能凸出墙面，也不能低于墙面 1～2mm；封槽的水泥，应略低于原墙面，以便添加石膏粉找平（砂浆中有一定的水分，挥发后会有所收缩，用石膏粉找平避免以后线槽处开裂）。槽宽 10cm 必须钉钢丝网。

不规范封槽施工提示：通常在封槽时不喷洒水，直接用水泥砂浆封槽（由于水泥砂浆凝固需要一定的时间，若槽内未喷水，会导致水泥没达到凝固时其水分让槽内的结构层吸干，导致封槽水泥强度不够、易开裂松动甚至脱落）。封槽时，如没有考虑槽面收光（未用搓板搓光），由于槽面高低不平，会给后期墙面修复带来了一定难度。

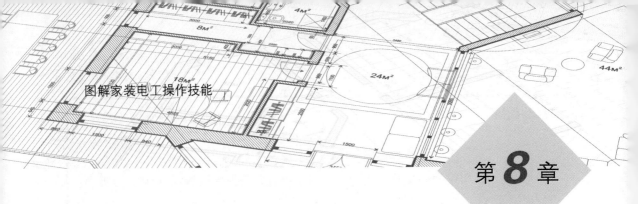

图解家装电工操作技能

第**8**章

智能家居弱电综合布线系统

 本章要点

　　熟知智能家居弱电综合布线系统和模块组成形式，掌握弱电线缆的性能及选用，熟练掌握智能家居弱电综合布线系统的施工步骤和弱电设备、部件的安装操作技能。

　　智能家居弱电综合布线系统是继水、电、气之后，第四种必不可少的家居基础设施。家居弱电综合布线系统的处理对象是信息，即信息的传送和控制，其特点是电压低、电流小、功率小、频率高，主要考虑的是信息传送的效果问题，如信息传送的保真度、速度、广度、可靠性。

　　智能家居弱电综合布线系统是指将电视机、电话机、计算机网络、多媒体影音中心、自动报警装置等设计进行集中控制的信息系统，即家居中由这些线缆连接的设备都可由一个设备集中控制。因为与提供电能的配电系统不同，其传输信号的电压不高（一般在12V左右），故将这类线缆组成的系统称为弱电布线系统。一般的弱电综合布线系统主要由信息接入箱、信号线和信号端口组成，如果将综合布线系统比作家居的神经系统，信息接入箱就是大脑，而信号线和信号端口就是神经和神经末梢。信息配线箱的作用是控制输入和输出的信息信号；信号线传输信息信号；信号端口接驳终端设备，如电视机、电话机、计算机等。一般比较初级的信息接入箱至少能控制有线电视信号（当然包括卫星电视）、电话语音信号和网络数字信号；而较高级的信息配线箱则能控制视频、音频（或AV）信号，如果所在的社区提供相应的服务，还可实现电子监控、自动报警、远程抄水电煤气表等一系列功能。

　　典型智能家居弱电综合布线系统如图8-1所示。

　　智能家居弱电综合布线系统是一个分布装置以及各种线缆和各个信息出口的集成，各

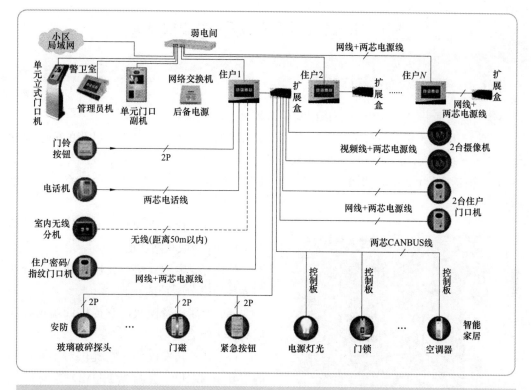

图8-1 典型智能家居弱电综合布线系统

部件采用模块化设计和分层星形拓扑结构，各个功能模块和线路相对独立，单个家电设备或线路出现故障，不会影响其他家电设备的使用。

家居弱电综合布线系统的分布装置：主要由监控模块、计算机模块、电话模块、电视模块、影音模块及扩展接口等组成；功能上主要有接入、分配、转接和维护管理。

智能家居弱电综合布线系统管理着各种信号输入和输出的连接，所有接口插座上的线路集中接入各个对应功能模块。

智能家居弱电综合布线系统的优势：

（1）规范施工，能确保质量和性能。能确保家装中弱电在现在和将来的使用，不会因为将来有新的应用而对装修进行破坏。

（2）采用统一控制和管理，在以后的日常生活中，使用、管理和维修十分方便。

（3）系统兼容性很好，无论选择哪的网络布线设备，都可提供支持。系统中的网络布线，不仅可以支持网络，还可以支持通话、安防报警。

（4）扩展性强，即插即用，能灵活组合。所有的"信息点"都是通用的，若有新的家电设备和信息设备，只需插上相应接口，并在信息接入箱作相应跳线，就能组成通路，可以马上接通使用。

8.1　家居弱电综合布线系统及组成模块

8.1.1　家居综合布线管理系统

❶　居家通 HCM‐2000B 豪华型家居多媒体配线系统

HCM‐2000B 豪华型家居多媒体配线系统由机箱和六大模块组成，机箱的安装尺寸为 340mm×420mm×155mm，六大模块分别为：

（1）电话交换模块。它提供 3 进线 8 分机的小总机功能，即系统已内置有一个小型电话交换机。

（2）计算机数据模块。它提供 100M 的 8 口 HUB 局域联网功能。

（3）有线电视模块。它提供两个一分四的标准功率分配功能。

（4）家居影音模块。它提供四组视音频插头自由组合连接。

（5）红外转发模块。它提供对不同房间的卫星接收机、空调器、DVD 等的遥控功能。

（6）电源模块。它为以上模块提供电源。

典型家居多媒体配线系统箱如图 8‐2 所示。

图 8‐2　典型家居多媒体配线系统箱

❷　YJT‐C04 豪华型多媒体布线箱

YJT‐C04 豪华型家居信息接入箱的箱体由 ABS 工程塑料盖板和钢板底盒组成，外形尺寸为 393mm×280mm×112mm，盒体内置 8 个模块安装控件。

YJT‐C04 家居信息接入箱功能：

（1）网络共享。5 口网络集线器，可将室内不同地点的计算机与室外的宽带网络信号连接，实现不同地点同时上网；同时，可将家居多台计算机联网建家居局域网，实现网络资源共享。

（2）电话保密。2 进 6 出的电话保密模块，可实现不同地点打电话、接电话、呼叫转接电话功能。用户使用电话保密模块时，当室内外通话时，家中同号码的其他分机听不到。

（3）电视分配：1 进 5 出电视信号分配，5～1000MHz 双向传输，可将电视信号均衡分配到室内各个房间的电视机，实现不同地点同时看电视。

（4）视频音响。可将家居的 DVD/VCD 视音频信号分配到家居不同的电视机，实现家居影院共享。

（5）防盗对讲。5 进 5 出，包含视频 1 进 1 出，防盗报警转接 4 组进线 4 组出线，每组进出线有 3 个接线端子，可实现防盗对讲、监控、抄表信号的转接管理；预留 ADSLMODEM、防盗报警主机安装位置，便于用户功能扩充。

YJT－C04 豪华型家居信息接入箱如图 8-3 所示。

数字家居弱电箱犹如家中的"神经系统管家"，集宽带网络路由、程控电话交换、有线电视分配等功能于一体，实现对电话机、计算机、电视机、网络家电等设备的管理，与未来发展趋势保持同步，搭建数字家居平台。

图 8-3　YJT－C04 豪华型家居信息接入箱

8.1.2　家居弱电综合布线系统的组成模块

❶ 网络模块

网络模块主要实现对进入室内的计算机网络线的跳接。来自房间信息插孔的 5 类网线按线对的色标打在模块的背面对应插座上，前面板的 RJ45 插孔通过 RJ45 跳线与小型网络交换机连接。可以将 5 口的小型交换机装在信息箱内，最好是铁壳的交换机，有利于通过箱体散热和屏蔽，ADSLMODEM 也可放在信息箱内。

网络模块可以分为三类：信息端口模块、集线器/交换机、路由器。信息端口模块主要负责将家居内的计算机设计成一个局域网，在同一时间内，只能提供一台计算机上网。集线器/交换机因为原理相同，可以共享上网，几台计算机同时上网，不同的是集线器是"按劳分配"的，交换机是完全共享的。例如：同样的集线器及交换机提供 10M 的带宽，有五台计算机同时连接，那么集线器就是给每台计算机分配 2M 的带宽，而交换机则是 10M 的带宽。路由器也称 IP 共享器，能够让几台计算机共享一个 IP 地址，也就是拉一条宽带则可以几台计算机同时共享上网。如 ZDTN8H5 超 5 类 RJ45 模块是依据 ISO/IEC11801、EIA/TIA568 国际标准设计制造的，一端用于端接 8 芯 UTP 双绞线，另一端为 RJ45 接口（用于连接数据通信设备），其性能优于 TIA 增强 5 类的标准。网络模块由一组 5 类 RJ45 插孔组成，如图 8-4 所示。

❷ 电话模块

电话模块与数据模块是一样的，也是采用一组 5 类 RJ45 插孔将进入室内的电话外线复接输出，为一进多出，输出口连接至房间的电话插座，再由插座接至电话机。此模块采用 5 类 RJ45 接口标准，如室内布线使用 5 类双绞线，也可用于计算机网络连接。如 ZDN6/2 电话插座模块是专用于语音通信的两芯接线模块，其安装方式等同于超 5 类 RJ45 插座模块，一端为旋接式端子排（用于端接各种规格的线缆），另一端为 RJ12 接口［用于连接电话机/传真等设备（符合电信接入要求）］。电话模块如图 8-5 所示。

图 8-4 网络模块

图 8-5 电话模块

③ **电视模块**

电视模块其实是一个有线电视分配器。电视模块由一个专业级射频一分四的分配器构成，如图 8-6 所示。电视模块的功能就是将一条有线电视进口分出几个出口分布到不同的地方，也可应用于卫星电视和安全系统，其安装方式等同于超 5 类 RJ45 插座模块，使用灵活方便。

④ **影音模块**

影音模块主要用于家庭音乐系统的应用，采用标准的 RCA 或 S 视音频插座，安装方式也等同于超 5 类 RJ45 插座模块，如图 8-7 所示。将视音频（视：V；右声道：R；左声道：L）输入信号线接入端口，输出信号线也接入相应输出端口。每个输出端口在面板上有一组三位的可上下拨动的开关（相应数字"1"、"2"、"3"，往下为闭合，标为"ON"）可分别控制 3 路输出信号与输入信号的复接、断开，这样可以多个房间共享一台 VCD/DVD 机影音播放。

图 8-6 电视模块

图 8-7 影音模块

⑤ 其他模块

（1）ST 光纤模块专门用于光纤到桌面的高速数据通信应用，采用与 ST 头相匹配的耦合器，其安装方式也等同于超 5 类 RJ45 插座模块。

（2）SC 光纤模块同上述模块类似，采用与 SC 头相匹配的耦合器。

（3）音响接线模块配置具有夹接功能的音箱接口模块，在家庭音乐系统中，使音箱位置的配置更灵活方便。

8.1.3　家居弱电综合布线系统的线缆

① 电话线

固定电话线的芯数可决定可接电话分机的数量，与信号传输速率无关（信号传输速率取决于铜芯的纯度及横截面积）。

电话线形式：有 2 芯独股电话线就可满足一般需求，一般使用 4 芯的双绞线较好，可以串联，也可以并联，串联铺设简单，成本低；并联采用星形连接，铺设工序多，成本高，将来扩展性强，还可以使用家居 4 口或 8 口的交换机。4 芯线可满足家中安装两部不同号码电话机的需要。

② 有线电视线/数字电视线

有线电视的布线在家居布线中一般采用进线经一分二的分配器分成两路后再分别进行一分二，这样电视信号经过两次分配器的衰减，电视机的信号就很差了，图像自然就不清晰了。外线进户后，应根据房间的数量，直接用一个（一分三或一分四）分配器分配后再接入各房间。若要实现有线电视广播 HFC 接入方式，需要将其中一路接到多口路由器附近。

有线电视/数字电视分配器：采用有线电视分配模块，一分六（八）双向隔离分配器可对有线电视实行放大后再分路，实现 6（8）台电视机同时收看电视节目，保证电视图像质量。

③ 计算机网络线

计算机网络线主要用于家居宽带网络的连接，内部有 8 根线，家居常用的网络线有 5 类和超 5 类两种。家居局域网采用 5 口（或 8 口）路由数据模块，实现计算机互连组网，可以几台计算机共享资源，还可以同时上网但只交一条链路的费用。

计算机网络接入方式：目前主要有固定电话网、ADSL 接入方式、有线电视广播 HFC 接入方式、以太网接入方式。

④ 音视频线

音视频线主要用于家居影院中功率放大器和音箱之间的连接。音视频线是由高纯度铜作为导体制成的。

音视频线规格：有 32、50、70、100、200、400、504 支。这里的“支”是指该规格音视频线由相应的铜芯根数所组成，如 100 支就是由 100 根铜芯组成的音视频线。

一般而言，200 芯就可满足基本需要。如果对音响效果要求很高，可考虑 300 芯音视频线。如果需暗埋音视频线，应采用 PVC 管进行埋设。

音视频线的功能：

（1）在家居影院和背景音乐系统中，可把客厅里家居影院中激光 CD 机、DVD 等输出信号传输到背景音乐功率放大器的信号输入端子。背景音乐设计根据需要，在包括厨房、卫生间、书房、阳台的任何一个房间布上音乐点，通过一个或多个音源，将高保真的音乐传送到每个房间，可以根据需要独立控制每个房间的音量大小。

（2）音视频线可把 DVD/卫星接收机/数字电视机顶盒输出的信号送到每个房间，音视频线表面看起来是一根线，实际上是三根线并在一起（一根细的左声道屏蔽线，一根细的右声道屏蔽线，一根粗的视频图像屏蔽线）。若选择 AV 影视交换中心产品，能够同时输入计算机、DVD、卫星接收机、数字机顶盒、MP3 等信号源，输出到家里所有房间，而且可以在各房间独立地遥控选择信号源，可以远程开机、关机、换台、快进、快退等，是音视频、背景音乐共享和远程控制的最佳性价比设计方案。

⑤　VGA 线+ 音频线+ 网线

计算机上的内容丰富多彩，但屏幕太小，不能多人同时欣赏。

VGA 线＋音频线＋网线功能扩展：是致力于家居终极娱乐方式，把计算机作为家居的媒体中心、网络中心和控制中心；客厅的高清数字电视作为家居数码产品的显示中心和视听中心；利用互联网海量的音乐资源、影视资源、电视节目资源、游戏资源、信息资源，就可以足不出户，在客厅就可轻松操作键盘、鼠标控制书房的计算机；还可以视频聊天，与远方的亲人沟通，可搜索到想要的一切。

⑥　HDMI 高清线缆

随着高清数字电视的普及，需要高清数字信号源和传输高清数字信号源的线缆，目前一些高档的显卡已经具有 HDMI 输出，计算机的视频到高清电视要用 HDMI 线缆，现在高档的 DVD，包括高清播放机和蓝光 DVD、HDDVD 都已具备 HDMI 输出，将其连到高清电视需要通过 HDMI 线缆连接。高清机顶盒，一般也有 HDMI 输出。

经验提示：HDMI 设备以后越来越多，为了以后能方便地使用这些高清设备而不必再开槽布线，应在住宅家装初期预先埋设。

⑦　其他线缆

远程抄表、防盗报警信号线用于楼宇对讲设备，三表抄送可以用网络线，安防系统可用多芯线缆。

8.2　弱电导线的性能及选用

8.2.1　视频传输线的组成和特征

① 弱电电缆的组成

（1）内导体：由于衰减主要是由内导体电阻引起的，内导体对信号传输影响很大。

（2）绝缘：影响衰减、阻抗、回波损耗等性能。

（3）外导体：回路导体、屏蔽作用。

② **弱电电缆的命名原则**

（1）弱电电缆产品应用场合或大小类名称。

（2）弱电电缆产品结构材料或形式；产品结构按从内到外的原则：导体→绝缘→内护层→外护层。

（3）弱电电缆产品的重要特征或附加特征。

弱电电缆基本按上述顺序命名，有时为了强调重要或附加特征，将特征写到前面或相应结构描述前。

实用举例：SYV75－5－1（A、B、C）的含义：S—射频；Y—聚乙烯绝缘；V—聚氯乙烯护套；75—75Ω；5—线径为5mm；1—单芯；A—64编；B—96编；C—128编。

③ **弱电线缆的结构**

（1）SYV系列实心聚乙烯绝缘75Ω电缆结构。

实用举例：SYV75－5－1（A、B、C）的含义：S—射频；Y—聚乙烯绝缘；V—聚氯乙烯护套；75—75Ω；5—线径为5mm；1—单芯；A—64编；B—96编；C—128编。

如图8-8所示，SYV系列实心聚乙烯绝缘75Ω电缆通常用于电视监控系统的视频传输，适合视频图像传输。

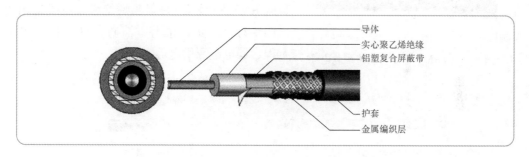

图8-8　SYV系列实心聚乙烯绝缘75Ω电缆结构

（2）SYW V（Y）、SYKV有线电视、宽带网专用电缆结构。

实用举例：SYWV75－5－1的含义：S—射频；Y—聚乙烯绝缘；W—物理发泡；V—聚氯乙烯护套；75—75Ω；5—线缆外径为5mm；1—单芯。

如图8-9所示，SYW V（Y）、SYKV有线电视、宽带网专用电缆通常用于卫星电视传输以及有线电视传输等，适合射频传输。

（3）RG－58－96♯-镀锡铜编织—50Ω电缆结构。

如图8-10所示，RG－58－96♯-镀锡铜编织-50Ω电缆通常用于电视频图像传输或HFC网络等。

（4）AVVR或RVV聚氯乙烯绝缘软电缆结构。

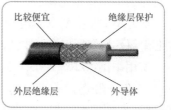

图8-9　SYW V（Y）、SYKV有线电视、宽带网专用电缆结构

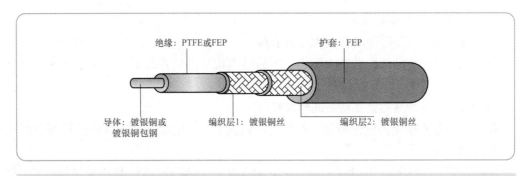

绝缘：PTFE或FEP

护套：FEP

导体：镀银铜或
镀银铜包钢

编织层1：镀银铜丝

编织层2：镀银铜丝

图 8-10　RG-58-96♯-镀锡铜编织-50Ω 电缆结构

如图 8-11 所示，AVVR 或 RVV 里面采用的线为多股细铜丝组成的软线，即由RV 线组成，通常用于弱电电源供电等。

（5）AVVR 或 RVV 圆形双绞聚氯乙烯绝缘软电缆结构。

图 8-11　RVV 聚氯乙烯绝缘软电缆

如图 8-12 所示，RVV 表示铜芯聚氯乙烯绝缘聚氯乙烯护套圆形连接软电缆，AVVR 或 RVV 圆形双绞聚氯乙烯绝缘软电缆适用于楼宇对讲、防盗报警、消防、自动抄表等工程、弱电电源供电等。

聚氯乙烯护套

聚氯乙烯绝缘

多股裸铜丝绞合导体

图 8-12　AVVR 圆形双绞聚氯乙烯绝缘软电缆结构

如图 8-13 所示，AVBB 扁形无护套软电线或电缆通常用于背景音乐和公共广播，也可作为弱电供电电源线。

（6）AVRS 绞型双芯电源线、RVS 铜芯聚氯乙烯绞型连接电线结构。

实用举例：ZR-RVS2×24/0.12 的含义：ZR—阻燃；R—软线；S—双绞线；2—2 芯多股线；24—每芯有 24 根铜丝；0.12—每根铜丝直径为 0.12mm。

如图 8-14 所示，AVRS 绞型双

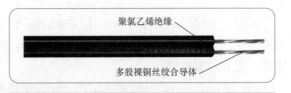

聚氯乙烯绝缘

多股裸铜丝绞合导体

图 8-13　AVBB 扁形无护套软电线或电缆结构

芯电源线、RVS 铜芯聚氯乙烯绞型连接电线常用于家居电器、小型电动工具、仪器仪表、控制系统，通常用于公共广播系统/背景音乐系统布线、消防系统布线、照明及控制用线。

（7）RIBYXB 音箱连接线（发烧线、金银线）结构。

如图 8-15 所示，RIBYXB 音箱连接线（发烧线、金银线）用于功放机输出至音箱的接线。

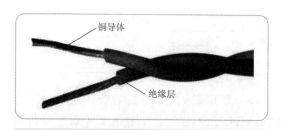

图 8-14　AVRS 绞型双芯电源线

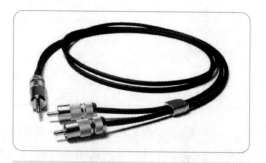

图 8-15　RIBYXB 音箱连接线（发烧线）

（8）UTP 局域网电缆结构。

如图 8-16 所示，UTP 局域网电缆适用于传输电话、计算机数据、防火防盗保安系统、智能楼宇信息网、计算机网络线，有 5 类、6 类之分，有屏蔽与不屏蔽之分。

（9）RVB2X1/0.4 电话线结构。

如图 8-17 所示，RVB2X1/0.4 电话线适用于室内外电话安装用线。

图 8-16　UTP 局域网电缆

图 8-17　RVB2X1/0.4 电话线

8.2.2　弱电线缆的性能及选用

❶　弱电线缆的性能

（1）SEG-NET 五类 4 对非屏蔽对绞线缆（UTPCAT5E）在综合布线系统中能远距离传输高比特率信号，既传输高速数据，又能保证良好的数据完整性。SEG-NET 五类

4 对非屏蔽对绞线缆（UTPCAT5E）产品特性及典型应用见表 8-1。

表 8-1　SEG-NET 五类 4 对非屏蔽对绞线缆（UTPCAT5E）产品特性及典型应用

产品特性	典型应用
适应环境温度：－20～60℃	10BASE-T
导体使用单根或多股绞合裸软铜线	100BASE-T4
标准阻燃聚氯乙烯或低烟无卤线缆护套（PVC）	100BASE-TX
阻水型电缆采用单层或双层阻水材料	100VG-AnyLAN
聚乙烯绝缘（PE）	1000BASE-T
可选择撕拉线	155MbpsATM
难燃程度：CMX、CM、MP、CMG、MPG、CMR、MPR	
无轴成卷包装	

（2）SGE-NET 超五类 4 对非屏蔽对绞线缆（UTPCAT5）在综合布线系统中能远距离传输高比特率信号，其频率性能可达到 155MHz。SGE-NET 超五类 4 对非屏蔽对绞线缆（UTPCAT5）产品特性及典型应用见表 8-2。

表 8-2　SGE-NET 超五类 4 对非屏蔽对绞线缆（UTPCAT5）产品特性及典型应用

产品特性	典型应用
适应环境温度：－20～60℃	10BASE-T
导体使用单根或多股绞合裸软铜线	100BASE-T4
标准阻燃聚氯乙烯或低烟无卤线缆护套（PVC）	100BASE-TX
聚乙烯绝缘（PE）	100VG-AnyLAN
可选择撕拉线	1000BASE-T
难燃程度：CMX、CM、MP、CMG、MPG、CMR、MPR	155MbpsATM
无轴成卷包装	622MbpsATM

（3）SGE-NET 六类 4 对非屏蔽对绞线缆（UTPCAT6）为现有网络应用提供最高的线缆性能并符合未来网络的需求，其频率性能可达到 200MHz，通常可达 300 MHz。SGE-NET 六类 4 对非屏蔽对绞线缆（UTPCAT6）产品特性及典型应用见表 8-3。

表 8-3　SGE-NET 六类 4 对非屏蔽对绞线缆（UTPCAT6）产品特性及典型应用

产品特性	典型应用
适应环境温度：－20～60℃	10BASE-T
导体使用单根或多股绞合裸软铜线	100BASE-T4
标准阻燃聚氯乙烯或低烟无卤线缆护套（PVC）	100BASE-TX
聚乙烯绝缘（PE）	100VG-AnyLAN
可选择撕拉线	1000BASE-T
难燃程度：CMX、CM、MP、CMG、MPG、CMR、MPR	155MbpsATM
无轴成卷包装	622MbpsATM

（4）SGE-NET 三/五类 25 对非屏蔽对绞电缆（UTPCAT3/CAT5）在综合布线系统中能远距离传输高比特率信号，既传输高速数据，又能保证良好的数据完整性。SGE-NET 三/五类 25 对非屏蔽对绞电缆（UTPCAT3/CAT5）产品特性及典型应用见表 8-4。

表 8-4 SGE-NET 三/五类 25 对非屏蔽对绞电缆（UTPCAT3/CAT5）产品特性及典型应用

产品特性	典型应用
适应环境温度：-20～60℃	10BASE-T
导体使用 24 线规实心铜导体，2 芯一对，5 对一组	100BASE-T4
标准阻燃聚氯乙烯或低烟无卤线缆护套（PVC）	100BASE-TX
聚乙烯绝缘（PE）	100VG-AnyLAN
采用胶带绑组，围绕中心加强芯分布	155MbpsATM
难燃程度：CMX、CM、MP、CMG、MPG、CMR、MPR	
有轴成卷包装	

（5）同轴射频电缆又称同轴电缆。同轴电缆一般是由轴心重合的铜芯线和金属屏蔽网这两根导体以及绝缘体、铝复合薄膜和护套五个部分构成的。

为了规范电缆的生产与使用，我国对同轴电缆的型号实行了统一的命名，通常它由四个部分组成，其中，第二、三、四部分均用数字表示，这些数字分别代表同轴电缆的特性阻抗（Ω）、芯线绝缘的外径（mm）和结构序号。有线电视同轴电缆的产品特性见表 8-5。

表 8-5 有线电视同轴电缆的产品特性

产品特性		普通-5	低损耗-7	普通-7
特性阻抗（Ω）		75	75	75
电容（pF/m）		56	56	56
衰减（dB）	10MHz	0.4		
	100MHz	1.1	0.75	0.8
	900MHz	4	2.6	2.7
全径（mm）		5.1	7.25	7

（6）卫星电视同轴电缆是为抛物面卫星天线和控制器/接收器间卫星电视互连而设计的，适用于多数系统。卫星电视同轴电缆有两种类型，单同轴电缆或由数根缆芯和一根同轴电缆组成的复合电缆。卫星电视同轴电缆产品特性见表 8-6。

表 8-6 卫星电视同轴电缆产品特性

产品特性	CT-100	CT125	CT167
特性阻抗（Ω）	75	75	75
电容（pF/m）	56	56	56

产品特性		CT 100	CT125	CT167
衰减（dB）	100MHz	6.1	4.9	3.7
	860MHz	18.7	15.5	12
	1000MHz	20	16.8	13.3
	3000MHz	36.2	31	25.8
回波损耗（RLR）	10～450MHz	20	20	20
	450～1000MHz	18	18	18
	1000～1800MHz	17	17	17
全径（mm）		6.65	7.25	7

（7）音频电缆为镀锌铜双芯外裹聚烯烃绝缘层结构，每条线股分别采用粘接 BEL-FOIL 铝聚酯屏蔽罩。音频电缆产品特性见表8-7。

表8-7　　　　　　　　　　音频电缆产品特性

产品特性		阻抗（Ω）	外径（mm）	截面积（mm²）	电容（pF/m）	备注
低温特柔型	1芯	50	3.33			
	2芯	50	7.29			
对绞型	20（7×28）		4.6	0.5		
	18（7×28）		5.9	0.8		
	16（19×29）		7.0	1.3		
单绞型			5.95		43	适用于移动数字音频设备间的互连，500m的扩展传输

2 弱电线缆的选用

（1）视频信号传输线缆的选用。一般采用专用的 SYV75Ω 系列同轴电缆；常用型号为 SYV75-5（它对视频信号的无中继传输距离一般为 300～500m）；距离较远时，需采用 SYV75-7、SYV75-9 同轴电缆（在实际工程中，粗缆的无中继传输距离可达 1km 以上）。

（2）通信线缆的选用。一般采用 2 芯屏蔽通信电缆（RVVP）或 3 类双绞线（UTP），每芯截面积为 0.3～0.5 mm²。选择通信电缆的基本原则是距离越长，线径越大。RS485 通信规定的基本通信距离是 1200m，但在实际工程中选用 RVV2-1.5 的护套线可以将通信长度扩展到 2000m 以上。

（3）控制电缆的选用。控制电缆的选用需要根据传输距离及工作环境选择线径和是否需要屏蔽。

（4）声音监听线缆的选用。一般采用 4 芯屏蔽通信电缆（RVVP）或 3 类双绞线

（UTP），每芯截面积为 0.5 mm²。监控系统中监听头的音频信号传到中控室采用点对点布线方式，用高压小电流传输，因此采用非屏蔽的 2 芯电缆即可，如 RVV2-0.5。前端探测器至报警控制器之间一般采用 RVV2×0.3（信号线）以及 RVV4×0.3（2 芯信号＋2 芯电源）型号的线缆；报警控制器与终端安保中心之间一般也采用 2 芯信号线。

（5）楼宇对讲系统线缆的选用。

1）传输语音信号及报警信号的线缆主要采用 RVV4-8×1.0。

2）视频传输主要采用 SYV75-5 线缆。

3）有些系统因怕外界干扰或不能接地时，应选用 RVVP 类线缆。

4）直接按键式楼宇可视对讲系统的室内机视频、双向声音及遥控开锁等接线端子都以总线方式与门口机并接，但各呼叫线则单独直接与门口机相连，应选用 3 类双绞线（UTP），芯线截面积为 0.5 mm²。

 ## 8.3 家居弱电系统布线

8.3.1 家居弱电布线

在进行布线前，首先应该了解居室环境及各房间的用途。然后根据电源配电箱、有线电视进线口和电话线、网线入户口的位置，确定信息接入箱及分线器的位置，一般信息接入箱不要轻易移动（如果已有信息入箱）。电话线及网络线的配线箱应选一个既隐蔽又方便操作的地方（不影响美观），考虑到要放路由器和交换机，所以应设计一个较大的配线箱。有线电视则在进线口设计一个能摆放两只分配器的盒子。

典型的普通家居弱电综合布线系统组成如图 8-18 所示。

该系统是由一个信息接入箱、各种线缆以及各个信息出口的标准接插件组成的，各个功能部件采用模块化设计和星形拓扑结构，各个模块和各个线路相互独立，单个线路出现故障，不会影响其他信息家电的使用。家居弱电综合布线系统的分布装置由模块化的信息接入箱来承担，主要包括网络模块、电话模块、电视模块、影音模块，有的还可以增加防盗报警的监控模块。根据用户的实际需求可以在各个功能模块上接入、分配、转接和维护管理，从而支持通话、上网、有线电视节目、家居影院、音乐欣赏、视频点播、安防报警等各种应用。

"星形拓扑"布线方式：即信息系统并联布线（见图 8-19），并且电话线和网线分别采用 4 芯线和 8 芯线（5 类线）。为了方便，电话线和网络线穿在同一根 PVC 电线管内（理论上电话线和网络线应分开布线，间距 10cm 以避免相互干扰），考虑到家居电话机和网络同时使用的时间很短，不会造成大的干扰。

各 5 类线应采用直连方式，相互之间不能串接或混接。

PVC 电线管敷设在地板下，信息插座安装在离地面 30cm 的墙壁上。在实际安装过程中，信息线应考虑留有余量，底盒一般留有 30cm，信息接入箱内留有 50cm。假设各种

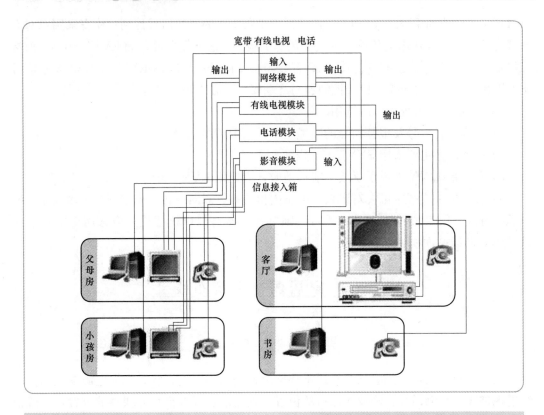

图 8-18 标准家居弱电综合布线示意图

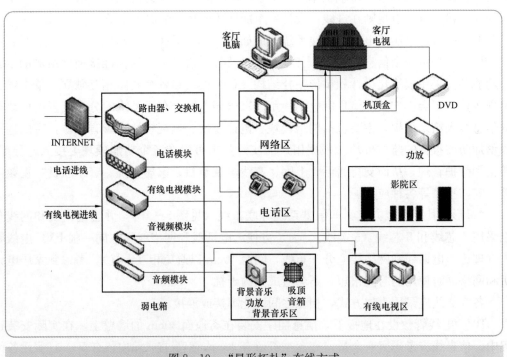

图 8-19 "星形拓扑"布线方式

信息插座到信息接入箱的平均距离为 25m，简单计算即可得出材料清单。材料清单见表 8 - 8。

表 8 - 8　　　　　　　　　　　　**材料清单**

安装材料名称	单位	数量	安装材料名称	单位	数量
超 5 类非屏蔽双绞线	m		超 5 类 RJ45 信息插座	个	
75Ω 同轴电缆	m		75Ω 电视插座	个	
视音频线	m		三孔视音频插座		
电话线	m		电话插座	个	
PVC 管	m		墙内插座安装盒等辅材		

8.3.2　家居组网技术

以太网线布线可实现高达千兆的局域网，是家居组网首选传输介质。用户要完成多个房间的以太网布线，需要精心设计网络拓扑（包括网络架构、交换节点、汇聚节点等），并进行布线施工。

❶　家居网络

（1）局域网系统。如图 8 - 20 所示，在家居组建小型局域网络，只需申请一根上网宽带线路，让每个房间都能够利用计算机同时上网。另外，随着家电网络化的趋势，网络影音中心、网络冰箱、网络微波炉、网络视频监控会陆续出现，这些设备都可以在就近网络接口接入网络。

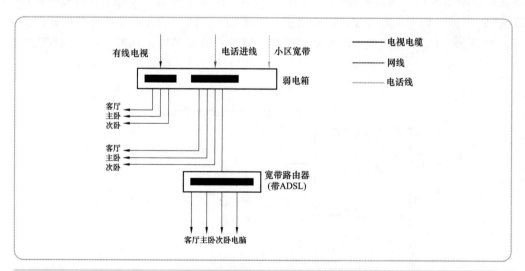

图 8 - 20　家居组建小型局域网示意图

如图 8 - 21 所示，要建的局域网是一个星形拓扑结构，任何一个节点或连接电缆发生故障，只会影响一个节点，在信息接入箱安装起总控作用的 RJ45 配线面板模块，所以网络插座来的线路接入配线面板的后面。另外，信息接入箱中还应装有小型网络交换机，通过 RJ45 跳线接到配线面板的正面接口。

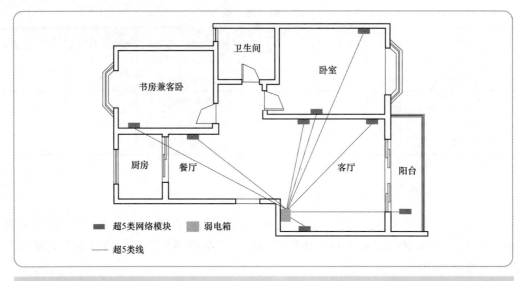

图 8-21　家居宽带网络示意图

（2）有线电视系统。如图 8-22 所示，家居的有线电视系统应使用专用双向、高屏蔽、高隔离 1000MHz 同轴电缆和面板、分配器、放大器（多于 4 个分支时需要）。分配器应选用标有 5～1000MHz 技术指标的优质器件。电缆应选用对外界干扰信号屏蔽性能好的 75-5 型、四屏蔽物理发泡同轴电缆，保证每个房间的信号电平；有线电视图像清晰、无网络干扰。有线电视的布线相对简单，对于普通商品房，只需在家居信息箱中安装一个一分四的分配器模块就可以将外线接入的有线电视分到客厅和个各房间。

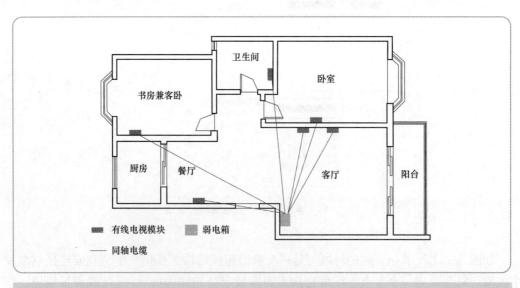

图 8-22　家居的有线电视系统示意图

（3）电话系统。如图 8－23 所示，家里安装小型电话程控交换机后，只需申请一根外线电话线路，让每个房间都能拥有电话。而且既能内部通话，又能拨接外线，外电进来时巡回震铃，直到有人接听。如果不是你的电话，你可以在电话机上按房间号码，转到另外一个房间。

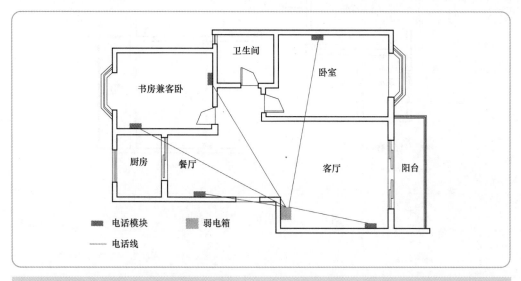

图 8－23　家居电话系统示意图

（4）家居影院系统。组建家居影院系统应是众多家居的选择。家居影院是指在家中能够享受到与电影院相同或相近的清晰而绚丽多彩的图像，充满动感和如在现场的声音效果。家居影院器材分为视频与音频两大部分，视频部分是整套系统中非常重要的一环，通常由大屏幕彩电或投影机担任。

AV 功放是音频重放的中心，其特点是多声道的声音重放。谈到多声道的重放就离不开环绕声的标准。

现流行的环绕声标准有：

1）杜比数码（DolbyDigital）环绕声（5.1 声道）。

2）DTS 环绕声（5.1 声道）。

3）DTS－ESDiscrete 环绕声（6.1 声道）。

4）THXSurroundEX 环绕声（7.1 声道）。

如图 8－24 所示，家居影院中音箱由五只、六只、七只等各加一个重音箱构成。前方左右两边的主音箱和中置音箱可以不用布线，而后方的环绕音箱和后置音箱等就应布线。家居影院系统布线主要包括投影机的视频线（如 VGA、色差线、DVI、HDMI）和音箱线。既然是顶级的家居影院系统，这些线缆是没有接续的，也就是一条线走到底，接头和线都是定做的，因此与其他布线系统独立，一般只在客厅或书房中布线。在设计时要精确计算走线的长度以便定制合适长度的线缆。

（5）AV 系统。如图 8－26 所示，AV 是影音的集合体，因信号的输出包括一路视

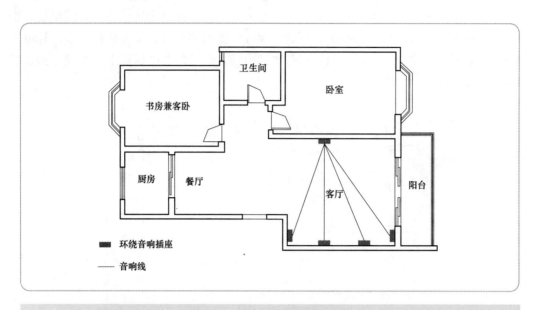

图 8 - 24　家居影院系统示意图

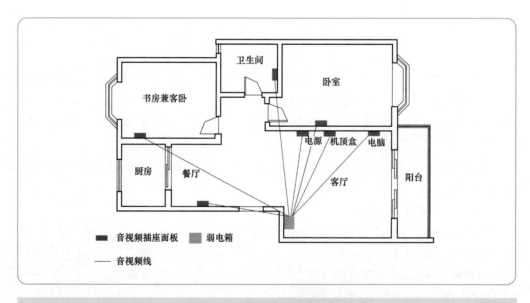

图 8 - 25　家居 AV 系统示意图

频、一路左声道、一路右声道。一般 AV 设备都是在客厅里，若需要在各房间里都能欣赏 AV 影音设备播放的影音就必须通过家居综合布线将上述三种线路接到各房间。家居里的 AV 系统包括 DVDAV 系统、卫星接收机 AV 系统、数字电视 AV 系统。通过 AV 信号传输系统，可以在其他房间看影碟、看卫星电视节目、看数字电视节目，无需重复添置多台 DVD、卫星接收机、数字电视机顶盒等设备。

② 组网选择

（1）WiFi 适用于在家居内部组建无线网络，是各种智能终端的主要联网方式。在理想情况下，WiFi 能提供数百兆无线带宽，使得无线承载多媒体应用尤其是视频媒体成为可能。但在用户家中的无线覆盖效果通常有所差异，在部分用户家中，由于障碍物阻挡（如家具、墙体）以及通信距离较远，无线信号的覆盖范围和强度会大大下降，影响了组网效果。我国有 2.4GHz 和 5.8 GHz 两种频段规格的 WiFi 产品，前者主要用于无线上网，后者更适合进行无线视频传输。

（2）同轴电缆在国内主要用于有线电视广播的传输，通过调制解调也可以用来传输数据业务。但所能使用的数据传输频段划归广电运营商。

（3）电力线传输数据，电力插座遍布于家居各个房间，接入点选择比较灵活，因此基于电力线完成组网是电信业务家居部署的有效手段。

用户可综合运用以太网线、WiFi、电力线等家居组网技术手段并结合成本因素，合理选择配套终端。推荐的组网原则为：以太网为首先，WiFi 提供移动性，电力线通信实现穿墙覆盖。推荐的组网产品包括外置 AP、AP 外置型网关、电力线通信产品等。

③ 光纤到信息箱

用户使用 WiFi 无线上网业务，家居内的线缆汇聚点（如大尺寸家居信息箱）能满足 PON 上行 e8 - C 设备的放置，但信息箱对外部的无线覆盖效果不能满足用户无线上网需求。推荐的组网方案是以 AP 外置型网关＋位置 AP 产品组合，可提供家居内无线上网覆盖。在用户住宅内选择无线 AP 覆盖效果能满足用户业务使用的位置，从该位置敷设 1 条 5 类线至线缆汇聚点（家居网关的放置点），并提供电源插座（为无线 AP 设备供电）。

④ 光纤到客厅

用户有 2 路 IPTV，分别在客厅和卧室使用，但客厅电视墙和卧室的电视机附近没有以太网端口资源，除非敷设较长的明线，否则无法使用 IPTV 业务。推荐的组网方案是以 5.8GAP - APClient 产品组合或者使用电力猫实现 IPTV 业务部署。

⑤ 8GAP - APClient 产品组合承载 IPTV，选择适合 5.8GAP 放置的位置，敷设 1 条 5 类线至线缆汇聚点（网关的放置点），并提供电源插座（为无线 AP 设备供电），机顶盒通过 5 类线连接 5.8GAPClient（无线客户端）。

家居综合布线产品（外置 AP、5.8GAPClient、电力猫）信息见表 8 - 9。

表 8 - 9 家居综合布线产品（外置 AP、5.8GAPClient、电力猫）信息

产品名称	应用选择	形态	业务应用
外置 AP	入户点无法满足家居无线覆盖要求	2.4G	无线上网
		5.8G（需与 5.8GAPClient 配对使用）	无线 IPTV
5.8GAPClient	连接高清机顶盒	5.8G（需与 5.8GAP 配对使用）	无线 IPTV
电力猫	没有家居 5 类布线	带 12V 直流供电	有线 IPTV 或有线上网
		不带 12V 直流供电	有线 IPTV 或有线上网
		支持 2.4GWiFi	有线 IPTV 有线无线上网

注 为确保电力线通信设备组网效果，用户应选择同厂商设备配套使用。

8.4 家居弱电综合布线（管）施工及接线

8.4.1 家居弱电综合布线（管）施工

1 弱电布线施工材料要求

（1）线缆。

1）电源线：根据国家标准，单个电器支线、开关线用标准 $1.5mm^2$，主线用标准 $2.5mm^2$。

2）背景音乐线：标准 $2×0.3mm^2$。

3）环绕音响线：标准 $100\sim300$ 芯无氧铜。

4）视频线：标准 AV 影音共享线。

5）网络线：超 5 类 UTP 双绞线。

6）有线电视线：宽带同轴电缆。

（2）塑料电线保护管及接线盒、各类信息面板必须是阻燃型产品，外观不应有破损及变形。电线保护管及接线盒外观不应有折扁和裂缝，管内应无毛刺，管口应平整。

（3）通信系统使用的终端盒、接线盒与配电系统的开关、插座，选用与各设备相匹配的产品。

2 接插件的检验要求

（1）接线排和信息插座及其他接插件的塑料材质应具有阻燃性。

（2）保安接线排的保安单元过电压、过电流保护各项指标应符合有关规定。

（3）光纤插座的连接器使用型号和数量、位置与设计相符。

（4）光纤插座面板应有发射（TX）和接收（RX）明显标志。

双绞线缆与干扰源最小的距离见表 8-10。

表 8-10　　　　　　　　　　　双绞线缆与干扰源最小的距离

干扰源类别	线缆与干扰源接近的情况	间距（mm）
小于 2kVA 的 380V 电力线缆	与电缆平行敷设	130
	其中一方安装在已接地的金属线槽或管道	70
	双方均安装在已接地的金属线槽或管道	10
2～5kVA 的 380V 电力线缆	与电缆平行敷设	300
	其中一方安装在已接地的金属线槽或管道	150
	双方均安装在已接地的金属线槽或管道	80
大于 5kVA 的 380V 电力线缆	与电缆平行敷设	600
	其中一方安装在已接地的金属线槽或管道	300
	双方均安装在已接地的金属线槽或管道	150
荧光灯等带电感设备	接近电缆线	150～300

续表

干扰源类别	线缆与干扰源接近的情况	间距（mm）
配电箱	接近配电箱	1000
电梯、变压器	远离布设	2000

③ 室内弱电施工要求

家居布线中需要注意的地方很多，如弱电线与强电线的布线距离、方向、位置关系应参考有关的国家标准，网线应尽量使用 PVC 电线管保护，并且在拐角处使用圆角双通以便于线路抽换。

（1）严格按图样或与业主交流确定的草图施工，在保证系统功能质量的前提下，提高工艺标准要求，确保施工质量。

（2）按图样或与业主交流确定的布线路径（草图）及信息插座的位置准确、无遗漏。

（3）电线管路两端设备处导线应根据实际情况留有足够的冗余，导线两端应按照图样提供的线号用标签进行标识，根据线色来进行端子接线，并应在图样上进行标识，作为施工资料进行存档。

（4）设备安装牢固、美观，墙装设备应端正一致。

④ 施工顺序

（1）确定点位。

1）识读弱电布线施工图，若没有弱电布线施工图，应与业主交流确定布线方案。

2）点位确定的依据。根据弱电布线施工图或与业主交流确定布线方案，结合点位示意图，用铅笔、直尺或墨斗在墙上将各点位处的暗盒位置标注出来。

3）暗盒高度的确定。除特殊要求外，暗盒的高度与原强电插座一致，背景音乐调音开关的高度应与强电开关的高度一致。若有多个暗盒在一起，暗盒之间的距离至少为 10mm。

4）确定各点位用线长度。测量信息箱到各信息插座的长度；加上信息插座及信息箱处的冗余线长度，信息箱处的线缆冗余长度为信息箱周长的一半，各点信息插座处线缆冗余长度为 200～300mm。

5）确定标签。将各类线缆按一定长度剪断后在线的两端分别贴上标签，并注明弱电种类-房间-序号。

6）确定管内线数。电线管内线缆的横截面积不得超过电线管的横截面积的 40%。

因为不同的房间环境要求不同的信息插座与其配合。在施工设计时，应尽可能考虑用户对室内布局的要求，同时又要考虑从信息插座连接设备（如计算机、电话机等）方便和安全。

墙上安装信息插座一般考虑嵌入式安装，在国内采用标准的 86 型底盒。该墙盒为正方形，规格为 80mm×80mm，螺孔间距为 60mm。信息插座与电源插座的间距应大于 20cm。桌上型插座应考虑和家具、办公桌协调，同时应考虑安装位置的安全性。

（2）开槽。

开槽按 7.3.3 节进行。

（3）底盒安装及布管。底盒安装时，开口面必须与墙面平整、牢固、方正，在贴砖处也不宜凸出墙面。底盒安装好以后，必须用钉子或水泥砂浆固定在墙内。在贴瓷砖的地方，应尽量装在瓷砖正中，不得装在腰线和花砖上，一个底盒不能装在两块、四块瓷砖上。并列安装的底盒与底盒之间，应留有缝隙，一般情况为 4～5mm。底盒必须平面垂直，同一室内底盒安装在同一水平线上。为使底盒的位置正确，应该先固定底盒再布管。

电线管内若布放的是多层屏蔽电缆、扁平电缆和大对数主干光缆，直线段电线管的管径利用率为 50%～60%，转弯处管径利用率为 40%～50%。布放 4 对对绞线缆或 4 芯以下光缆时，电线管的截面利用率为 25%～30%。

电线管弯曲半径要求如下：

1）穿非屏蔽 4 对对绞线电缆的电线管弯曲半径应至少为电线管外径的 4 倍。

2）穿屏蔽 4 对对绞线电缆的电线管弯曲半径应至少为电线管外径的 6～10 倍。

3）穿主干对绞电缆的电线管弯曲半径应至少为电线管外径的 10 倍。

4）穿光缆的电线管弯曲半径应至少为电线管外径的 15 倍。

（4）封槽。

1）固定底盒。底盒与墙面要求齐平，几个底盒在一起时要求在同一水平线上。

2）固定 PVC 电线管。PVC 电线管应每间隔 1m 必须固定，并在距 PVC 电线管端部 0.1m 处必须固定。电线管由底盒、信息箱的敲落孔引入（一管一孔），并用锁扣锁紧。

3）封槽。封槽后的墙面、地面不得高于所在平面。

❺ 弱电线缆敷设要求

（1）在敷设线缆之前，先检查电线管是否已经敷设完成，并符合要求；路由器与拟安装信息口的位置是否与设计相符，确定有无遗漏。检查电线管是否畅通，电线管内带丝是否到位，若没有应先处理好。

（2）穿线前应进行管路清扫，清除管内杂物及积水，有条件时应使用 0.25MPa 压缩空气吹入滑石粉，以保证穿线质量，并在电线管口套上护口。

（3）核对线缆的规格和型号应与设计规定相符。

（4）做好放线保护，不能伤保护套和踩踏线缆，线缆不应受外力的挤压和损伤。穿线宜自上而下进行，在放线时线缆要求平行摆放，不能相互绞缠、交叉，不得使线缆放成死弯或打结。

（5）在管内穿线时，要避免线缆受到过度拉引，每米的拉力不能超过 7kgf，以便保护线对绞距。

（6）线缆两端应贴有标签，应标明编号、型号、规格、图位号、起始地点、长度等内容，标签书写应清晰、端正和正确。标签应选用不易损坏的材料，标线号时要求以左手拿线头，线尾向右，以便于以后线号的确认。

（7）光缆在信息箱应盘留，预留长度宜为 3～5m，有特殊要求的应按设计要求预留长度。

（8）光缆应尽量避免重物挤压。

（9）安装在地下的同轴电缆必须有屏蔽铝箔片以隔潮气，同轴电缆在安装时要进行必要的检查，不可损伤屏蔽层。

（10）敷设线缆时应注意确保各线缆的温度要高于5℃。敷设线缆时应填写好放线记录表，记录主干铜缆或光纤的编号、序号。线缆敷设完毕后，应对线缆进行整理，在确认符合设计要求后方可掐断。

8.4.2　家居信息箱、插座安装接线

①　家居信息箱安装接线

（1）家居信息箱安装。家居信息箱是家居弱电设备管理中心。信息箱里面含有不同的模块，例如有线电视的分支器，可以把一条有线电视线分支为四五条分布到不同的房间里而不影响其传输性能。常用的模块一般有有线电视分支器、电话分支器、网络集线器等，如图8-26所示。

在选择家居信息箱之前，可以先根据业主的需要选择。例如，家里需要几部电话机，需不需要屏蔽功能，有几台电视机，计算机有几台，是否全部都需要上网，还要考虑到房间的背景音乐、家居安防系统、水电自动抄表系统等。

图8-26　智能家居多媒体信息箱

信息箱有明装和暗装两种安装方式，明装信息箱的整个箱体都露在墙壁外面，这样既占空间也不美观。暗装就是将信息箱的箱体埋进墙壁里面，只露出面板部分。在暗装时需要注意的一个问题是箱体的尺寸，如果箱体厚度超过90mm，暗装时要考虑墙的厚度问题，倘若墙的厚度是12cm，那么是无法暗装进去的。墙厚是12cm，那么其中8cm就是砖，剩下的4cm分别是砖两侧的抹灰，所以只有墙体厚度超过12cm才能考虑暗装信息箱。目前大部分的建筑主墙厚度都是18～24cm，所以一般用户都可选择暗装信息箱。

确定信息箱安装位置后，箱体埋入墙体时其面板露出墙面约1cm，方便以后抹灰。两侧的出线孔不要填埋，当所有布线完成并测试后，才用石灰砂浆封平。穿线时，至少应预留一定长度在信息接入箱体内，具体要求是：从进线孔起计算，75Ω同轴电缆预留25cm，5类双绞线预留30cm，外线电话线预留30cm，视音频线预留30cm。

（2）信息箱箱内线缆整理。将各种线缆分组，进线（一般为3条）为1组，电话出线每4根分成1组，计算机出线（3根）分成1组，有线电视出线（4根）分成1组。

这样共有5组线，每组线有3～4根，在每根线上作2个标识，一个标识标注在这根

线刚进入箱内的5cm处，另一个标识标注在离线头5cm处。将每组线用扎线带固定在箱底，并从边上向上用扎线带固定在箱边中间位置上。

②　家居信息插座安装接线

信息插座常见的有电话机、计算机、电视等信号源接入插座，一般因接入线的不同而分为5类和6类两种。

（1）电视插座。宽频电视插座（有线网络用）如图8-27所示。

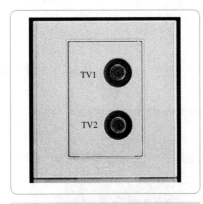

图8-27　宽频电视插座

宽频电视插座的特点：有线电视插座只能用于有线电视，而宽频电视插座则可以用于有线电视、数字电视和卫星电视、有线上网等。考虑到今后的升级，宽频电视插座更实用。它的隐蔽性能优良，可有效防止外界电磁波干扰，保证信号传输质量。

宽频电视插座（5～1000MHz）适应高频有线电视信号，外形与普通电视插座相近，但对抗干扰能力要求更高，频带覆盖范围也更宽。TV-FM插座功能与电视插座一样，多出的调频广播功能用得很少，但可以为两台电视使用，接线十分方便，只需接一个进线用户端，两个终端可以同时使用。串接式电视插座（也称电视分支）面板后带一路或多路电视信号分配器。

（2）视听设备的信号传输用插座。视听设备的信号传输用插座如图8-28所示，主要在5.1、6.1、7.1声道等多音箱场合使用。

音响信号线从功放出来后，需要在墙壁内走暗线，铺设到各音箱位置。音响信号插座用于信号线进入墙壁内以及从墙壁内引出的地方。

（3）电话插座。二位两芯电话插座如图8-29所示，它由两个两芯电话插座组成。

图8-28　视听设备的信号传输用插座

图8-29　二位两芯电话插座

在布线工程实践中，通常对数据和语音布线采用统一的超 5 类网线布线方法，这样线路的两端也采用相应的 RJ45 信息模块来短接。因此数据/语音插座是采用统一的 RJ45 双口插座，一口用作网络，一口用作电话。

（4）数据/语音插座。数据/语音插座如图 8-30 所示。

为了满足随时随地的通话、上网、视频、娱乐等信息化家居要求，应安装双口信息插座，信息插座的安装位置既要便于使用，不被家具挡住，又要比较隐蔽、美观而不显眼。卧室中可考虑放在床头两侧或书桌旁，客厅中可设置在沙发附近，书房则应位于写字台附近，电视机、信息家电附近也应设置信息插座。

信息插座安装要求：

1）安装在活动地板或地面上的信息插座，应固定在接线盒内，插座面板有直立和水平等形式；接线盒盖可开启，并应严密防水、防尘，接线盒盖应与地面齐平。

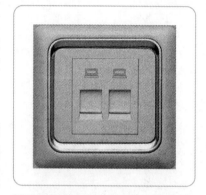

图 8-30 数据/语音插座

2）安装在墙体上，宜高出地面 300mm；如地面采用活动地板，应加上活动地板内净高尺寸。

3）信息插座底座的固定方法以施工现场条件而定，宜采用扩张螺钉、射钉等方式。

4）固定螺钉需拧紧，不应产生松动现象。

5）信息插座应有标签，以颜色、图形、文字表示所接终端设备类型。

6）安装位置应符合设计要求，布线时暗盒中的线缆要留 10cm 左右的头，在接插头时如果出错，还可以挽回。

❸ 线缆终端

（1）线缆终端的一般要求：

1）线缆在终端前，必须检查标签颜色和数字含义，并按顺序标注。

2）线缆中不得产生接头现象。

3）线缆终端处必须卡接牢固，接触良好。

4）线缆终端应符合设计和厂家安装手册要求。

5）对绞电缆与插件连接应认准线号、线位色标，不得颠倒和错接。

（2）对绞电缆芯线终端要求：

1）对绞电缆芯线终端应保持扭绞状态，非扭绞长度对于 5 类线不应大于 13mm，4 类线不大于 25mm。

2）剥除护套均不得刮伤绝缘层，应使用专用工具剥除。

3）对绞线在与信息插座（RJ45）相连时，必须按色标和线对顺序进行卡接，插座类型、色标和编号应符合规定。

4）对绞电缆与 RJ45 信息插座的卡子连接时，应按先近后远、先上后下的顺序进行卡接。

　　5）对绞电缆与接线模块（如 IDC、RJ45）卡接时，应按设计要求和厂家规定进行操作。

　　6）屏蔽对绞电缆的屏蔽层与接插件处的屏蔽罩应可靠接触，线缆屏蔽层应与接插屏蔽罩 360°圆周接触，接触长度不宜小于 10mm。

参 考 文 献

[1]   国际铜业协会电气安全与智能化项目组 . 家庭电气设计与安装 . 北京：中国电力出版社，2009.

[2]   葛剑青 . 低压电器简明手册 . 北京：电子工业出版社，2008.

[3]   辛长平 . 物业电工基础技术与技能 . 北京：电子工业出版社，2011.

[4]   韩雪涛 . 家装电工技能速成全图解 . 北京：化学工业出版社，2011.

[5]   杨清德 . 家装电工技能直通车 . 北京：电子工业出版社，2011.

[6]   周志敏 . 图解家装电工技能一点通 . 北京：机械工业出版社，2014.

[7]   辛长平 . 建筑电工实战技能 400 例 . 北京：中国电力出版社，2014.